カラーで見るから
わかりやすい

稼げる
電気保全

竹野俊夫 TAKENO Toshio 【著】

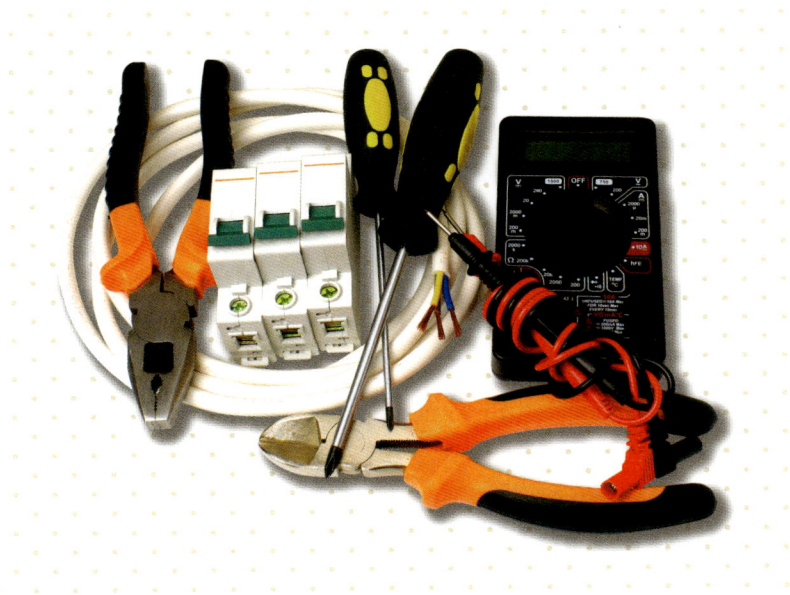

日刊工業新聞社

JN190865

はじめに

　新型コロナウイルス感染症の影響やロシアとウクライナの戦争の余波で、国内の製造現場から「設備の修理に必要な部品の入手に、相当な時間がかかる」「設備業者に現場まで来てもらえない」「工場内に入ることができない」など、設備トラブルへの対応に付随する問題についてよく相談を受けました。昨今は「設備保全を行う人材が非常に少なくなっている」といった、人手不足問題についてもよく相談を受けます。

　こうした流れを受けて、工場での安定的な生産を実現するために不可欠な「設備保全」の常識も変化しています。従来は外部の設備業者に任せていた保全作業に対して、「自社の設備はその現場で働く人たち自身で守らなければならない」という「自主保全」の考え方に強くシフトしています。自社の生産設備は自社の社員で保守メンテナンスを行うように考えている企業が増えています。生産現場の機械が止まってしまったら、生産設備をいち早く復旧させることが必要になります。自社の生産設備を自社の社員で修繕できるようになるには、保全に関する知識を身につけなければなりません。

　本書は、私が現場で電気保全教育・指導を行ってきたケーススタディをもとに、電気保全の基本とコツについて、カラー写真を用いて解説しています。1つひとつの事例が、日夜現場で設備保全に取り組んでいる保全作業者の参考になれば幸いです。

　本書の発行に際し、適切なアドバイスをいただきました日刊工業新聞社出版局の奥村功参与、そして企画の段階からアシストいただいた日刊工業新聞社出版局スタッフの皆様に感謝いたします。

2025年2月

竹野　俊夫

第 1 章

電気保全とは？

電気保全の基本的な考え方

　生産工場の設備を、長く安全に使用するためには、設備のメンテナンスが欠かせません。設備のメンテナンスは、大きく2つに分類されます。機械的なメンテナンスを行う「機械保全」と電気的なメンテナンスを行う「電気保全」です。本書では、電気保全を中心に解説していきます。電気保全で行うメンテナンスは主に電気回りの保守・点検ですが、ここでは機械から見た電気保全を考えていきたいと思います。

停止した電動機を保全するときの着眼点

　ある日、電動機が突然停止してしまったとします。電動機が動かなくなった場合、何から確認するとよいでしょうか。まずは電動機に電気が来ているかどうかの確認から始まります。そして、電気が来ているにもかかわらず電動機が動かなければ、電動機が壊れたと判断するかもしれません。しかし、電気が来ており電動機が壊れていないにもかかわらず、回転しない場合もあります。その場合はどのように不具合を調査するでしょうか？

　まずは電動機の電源の種別を確認します。具体的には、①電動機の種類（直流か交流か）、②減速機付き電動機かどうか、③ブレーキ付き電動機かどうかなどが確認事項です。次に、④電動機自体の温度確認、⑤電動機に接続される駆動装置の負荷状態、⑥電動機側の圧着端子の接続不良など、故障につながる原因を調べていきます。

　電気保全では、電線の接続や電気が正しく流れているのかだけを考えがちになりますが、実際には電気だけでなく機械を正しく見ることも必要です。たとえば、直流電動機ならブラシの摩耗や固定子・回転子のコイルの断線、回転子を回転させる軸受の損傷などが不具合の原因として考えられます。交流電動機では、固定子のコイルの断線や回転子を回転させる軸受の損傷などが考えられます。

　減速機付き電動機では、減速機の歯車の破損や焼き付き、軸受の損傷などが不具合につながります。ブレーキ付き電動機では、ブレーキとなっている電磁マグネットに電流が流れてもマグネットが作動せず、コイル損傷が起こる可能性があります。また、電磁マグネットが正しく作動しないときは、電動機そのものが回転しない構造になっているものもあります。ブレーキ付きの電動機でなくても、回転を伝達する装置側に回転抵抗がある場合、電動機の発熱などによって電動機のコイルが損傷する可能性があります。

　このように、電気保全といっても機械に起因するトラブルは数多く存在します。電気保全作業では、機械的な不具合も考慮して対処することが必要です。

三相交流誘導電動機の固定子の発熱

ある会社から電動機が発熱するという連絡を受け、さっそく現地へ向かいました。電源を遮断したあと、モータを触ろうとすると、触れられないほど発熱していました。固定子枠が60℃以上で、内部の温度は110℃以上になっていると推測されます。高温によって固定子のコイルも焼損していました。

コイルに発生した緑青

内部のコイルが腐食して、緑青が発生していました。真空ポンプは湿式であったため、真空ポンプのオイルを脱泡した際、空気に含まれている水蒸気が電動機内部に入りこみ、水蒸気によって内部が腐食してしまったのが原因でした。

電動機の回転子

回転子と固定子が接触し、電動機が回転することを妨げたため、固定子に過電流が流れてしまいました。通常、過電流が流れた場合はサーマルリレーが作動して電源を遮断します。サーマルリレーを設置しないで電動機を使用していたため、このようなトラブルが起こりました。

回転子の変色

真空ポンプの真空を作る装置側に問題があった事例です。真空ポンプに回転抵抗があり、モータが回転抵抗を受ける状態で回転していました。そのため発熱が起こり、回転子側の鉄芯までもが赤紫色に変色していました。回転子自体が非常に高温になっていたと推測されます。

電動機の機械的トラブル

　電動機の機械的なトラブルを確認するため、電動機がどのような流れで動力を伝達しているかを確認します。動力伝達方法として、①軸継手による動力伝達、②ベルト、チェーンによる動力伝達、③ファンなどを直接取り付けた動力伝達などがあります。

　軸継手による動力伝達の場合、軸継手の軸心調整が重要です。軸継手が回転する軸心が一定範囲内に収まるように調整できていないと、電動機側または動力を受ける側に繰り返し荷重がかかります。結果として軸受の損傷につながります。

　ベルト、チェーンによる動力伝達の場合、Vベルトとプーリー、チェーンとスプロケットで動力伝達を行っています。Vベルトとプーリー、チェーンとスプロケットが正しく平行になっていることが重要です。

　ファンなどを直接取り付けた動力伝達の場合、ファンにゴミなどが付着してアンバランスになった状態でファンを回転させていると、繰り返し荷重が電動機の軸受にかかり、軸受が損傷する恐れがあります。定期的にファンなどに付着したゴミなどを取り除く必要があります。

電動機から異音がするときの症状確認と考え方

　ある会社で、油圧ポンプを作動させる電動機から異音がすると相談を受けました。左の写真のように現地で電動機の軸継手を手で回すと、電動機の軸受からゴロゴロと異音がしていることがわかりました。誘導電動機の場合、軸受が損傷すると電動機にとって致命傷になります。この場合、軸受の早期の交換が必要です。

　電動機の軸受が早期に損傷する場合、原因を特定する必要があります。中央の写真のように、電動機を分解して回転子に装着している軸受を確認すると、電動機の軸受はスムーズに回転しない状態になっていました。これは、軸継手の軸心調整不良と軸継手の軸穴加工の精度不良によることが多いです。電動機の軸継手に繰り返し荷重が加わるため、軸受がすぐに損傷してしまいます。

　右の写真では電動機と油圧ポンプを駆動させる軸継手の軸心調整確認をしています。二つの軸継手で、上下左右の振れ幅を0.04mm以内の精度で電動機の高さ、左右のずれを調整する必要があります。

軸継手を手で回すと、軸受から異音がしてスムーズに回転しません

電動機の軸受です

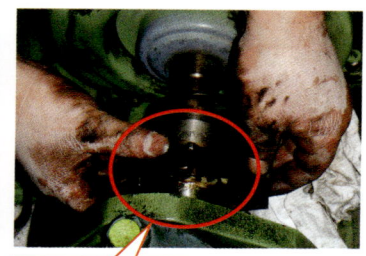

軸継手の軸心を調整しています

プーリーの摩耗

プーリーが摩耗して、Ｖベルトがプーリーと同じ高さになっています。プーリーの摩耗によりＶベルトがプーリーの下に下がってしまっています。

プーリーの材質は鋳鉄でできています。鋳鉄が摩耗した摩耗粉が電動機内部に入ってしまっている場合があります。

電動機内部から大量のプーリーの摩耗粉が出てきました

摩耗粉が電動機内部に入り込む

コイルが励磁されたことによりプーリーの摩耗粉が固まり回転子の回転抵抗が上がったため、電動機のサーマルリレーが作動していました。電動機が開放型の場合、定期的に電動機内部を清掃と点検が必要です。

ファンの振動による軸受の損傷

集塵機のシロッコファンの電動機が突然停止しました。ファンを回す電動機のサーマルリレーが作動していました。ファンを回すとガラガラと音がしていました。ファンに付着したゴミなどでアンバランスを起こしていたため、ファンの振動で電動機の軸受を損傷させていました。

電動機の回転子が固定子と接触していました

回転子と固定子の接触で軸受が損傷

集塵機のシロッコファンの電動機を分解して内部を確認すると、電動機の回転子と固定子が接触して、サーマルリレーが作動していました。回転子の軸受がファンのアンバランスで繰り返し荷重が発生して、軸受を損傷していました。

安全作業の一般事項

　電気は日常的に使用されている、大変便利なエネルギーです。しかし、便利な反面、危険な側面を持ち合わせていることも忘れてはいけません。特に、人体に危険な42V以上の電圧を取り扱うときは、十分に注意が必要です。

安全作業のための一般事項

①濡れた手で電気機器に触れると、水に電気が流れて感電するおそれがあります。電源スイッチや電気機器などを触るときには濡れた手で触ってはいけません（特に左手で触ってはいけません。心臓は人体の左側にあるからです）。

②必ず絶縁手袋を着用して作業を行います。絶縁手袋を着用していれば、万が一電気が流れている電線などに触れたとしても、感電を防げます。

③電気作業用の安全靴を着用して作業を行います。安全靴を履くことで人間と大地が絶縁状態になり、電気が流れる回路ができないため感電を防げます。とはいえ、むやみに触らないほうが安全です。

④切断された電線や電気が流れている可能性のある電線に、絶対に触れてはいけません。

⑤電源を入れるときは電源側から入れ、電源を切るときは設備側の負荷装置から切ります。万が一、設備の負荷装置（電動機など）のスイッチが入った状態で電源側のスイッチを切った場合、再度電源側のスイッチを入れたときに設備の負荷装置（電動機など）が急に動き出してしまいます。また、負荷装置側に安全な位置で停止する装置が付いている場合、電源側のスイッチを切ると安全な位置で停止しない場合もあります。

⑥濡れた手でスイッチを触らないのと同じく、電気機器に水をかけてはいけません。電源周りに水が浸入すると、ショートを起こすことがあります。生産設備には、①機器の絶縁抵抗値が規定値以上であること、②異常電流を遮断する遮断機やサーマルリレーなどを設置し、正常に作動していること、③漏電遮断機を設置し、漏電が生じた場合は正常に作動することなどが求められます。

⑦電気機器の稼働時に発生する熱は、効率よく冷却する必要があります。発熱によって絶縁の劣化などが起こり、漏電や絶縁不良などの不具合が起こると、機器の寿命が極端に短くなります。

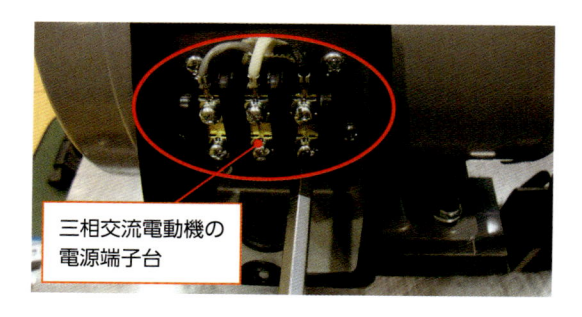

三相交流電動機の
電源端子台

三相交流誘導電動機の電源接続部

電源接続部に専用ケーブルを接続する場合は、必ずスイッチ、配電盤などの電気を遮断し、どの位置に配線が接続されていたかを確認してから行います。動力線の接続を間違うと逆回転するおそれがあります。

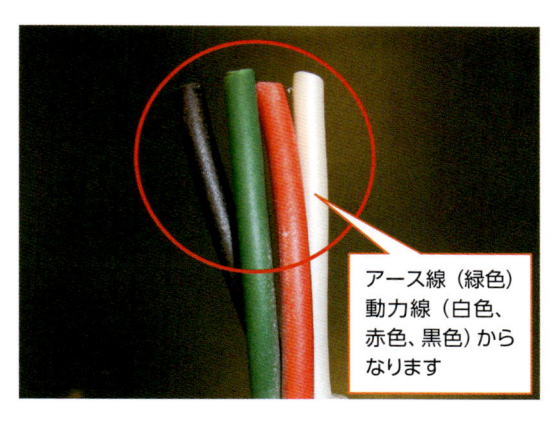

三相交流用200Vケーブル

緑色のアース線、白色、赤色、黒色の動力線からできています。電流値を考慮してケーブルの断面積を選びます。ケーブルの色はそれぞれ、電源側：赤色R相・白色S相・黒色T相となります。モーター側に接続する場合、負荷側：赤色R相とU相、白色S相とV相、黒色T相とW相を接続します。

アース線（緑色）動力線（白色、赤色、黒色）からなります

ケーブルの芯線

三相交流電源のケーブルの芯線は撚線のため、圧着端子で撚線と圧着端子の一つの金属の塊にして接触抵抗を下げる必要があります。芯線のすべてを圧着端子で固着させます。1本でも芯線が圧着端子から外れていた場合、再度圧着端子をやり直す必要があります。

ケーブル接続の様子

三相交流200V用のケーブルに電源用プラグを接続しています。電源プラグがどのような環境で使用されるかを考慮し、圧着端子、防水型電源プラグなどを選択して装着することが必要です。

▶ 三相交流200V用ケーブルの接続作業

　ケーブルの絶縁被覆をはがし、動力線用とアース線用を間違わないように注意をして、電動機、電源コンセント、電源プラグに接続します。圧着端子は、丸型、Y型を考慮してケーブルに取り付けます。ケーブルが引っ張られる場合は丸型を使うと、取り付けるねじが緩んだ場合でも端子台から外れません。逆にY型をつけると、ねじを少し緩めるだけで容易に取り外しできます。作業性と安全性を考慮して、丸型・Y型・棒型・CB型当圧着端子の先端形状を選択することが重要です。

検電器

　検電器は、電圧が発生しているかどうかを調べる安全検査器具です。低電圧用検電器は、主にドライバ形とペンシル形の2種類に分けられます。

　検電器は、ネオン管、検電部、抵抗、グリップから成り立っています。電流が電路に流れていると、放電によってネオン管がオレンジ色に点灯します。放電管の電流が人体を通して流れることにより、検電器と人体の間で回路ができるため、ネオン管が発光します。

　検電器を使う場合には次のように行います。

①検電器の破損が無いか、ネオン管が発光するかを検電器テスタなどで確認します。

②検電器を持つときは、必ず右手（心臓に遠いほうの手）で持ち、素手で金属グリップをしっかりと握りながら持ちます。

③検電器の先端を被検電部に密着させます。

④ネオン管の点灯を確認します。このとき、絶縁製の梯子や脚立に乗った状態で検電器を被検電部に密着させます。床がゴム製の場所で行う際は、グリップに電線などを巻き付けて接地します。

⑤明るい場所ではネオン管の発光が見にくいため、発光部の周りを覆って発光を確認します。

検電の目的

　検電器を使った検電の目的としてもっとも重要なことは、作業者の感電を未然に防止することです。モーターや電源回りの作業をする前に、作業者が電気配線や電気機器に触れても絶対に感電しないことを確認するために行います。

　電動機の交換や電磁接触器（マグネットスイッチ）を交換する場合、作業者はブレーカーをOFFにして、電磁接触器（マグネットスイッチ）を無電圧にします。しかし、作業者が誤って別のブレーカーをOFFにしていたり、ブレーカーがうまく動作しなかったりして実際には無電圧になっていない場合、気がつかずに作業すると感電するおそれがあります。作業前にブレーカーをOFFにして、電磁接触器（マグネットスイッチ）が確実に無電圧になっているかを確認することが、検電の目的です。

　検電器を使って検電する場合、異なる検電器を2台使用して同じ個所を二重に検電すると、無電圧になっているかの確認がより確実に行えます。1台の検電器のみでは検電器が壊れていた場合、無電圧になっているかを正しく検知できません。2台を使用して確実に安全作業を行うことで、感電する危険性がなくなります。

低電圧用検電器

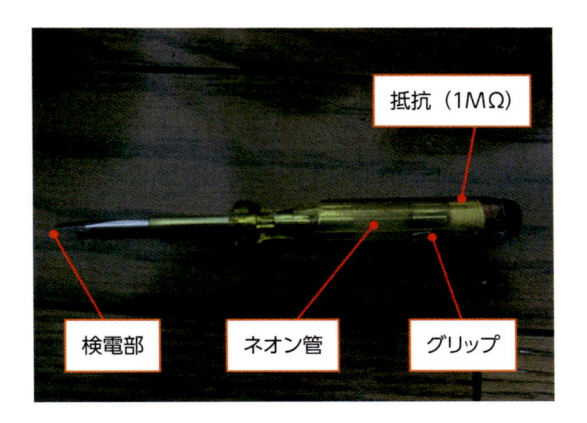

検電器はネオン管、検電部、抵抗、グリップからなっています。検電器は、ドライバ形とペンシル形の2種類が一般的に使用されています。通電していると、ネオン管がオレンジ色に発行します。

抵抗（1MΩ）

検電部　ネオン管　グリップ

検電器の使用手順

検電器は必ず右手（心臓から遠いほうの手）で持つことが重要です。グリップをしっかり握りながら被検電部に検電器を差し込みます。オレンジ色の光が見えたら活線状態（電気が流れている状態）と判断できます。

単相100Vコンセントの電源部の確認

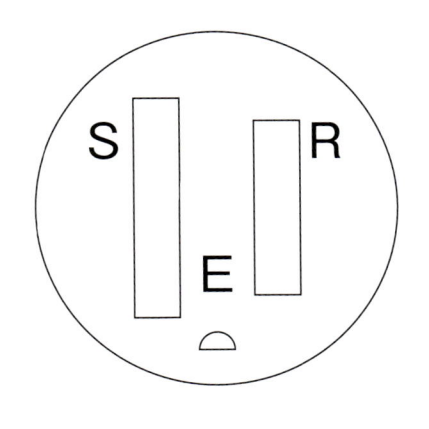

コンセントのSには電気が来ていないため、検電ドライバを挿入してもネオン管が発光しません。Rには電気が来ているため、検電ドライバのネオン管が発光します。Eはアースです。

コンセントの極形状は左側が右側より2mm長くなっています。家電製品などにはEアース線付の接地極付を使用することが義務化されています。

三相200Vコンセントの電源部の確認

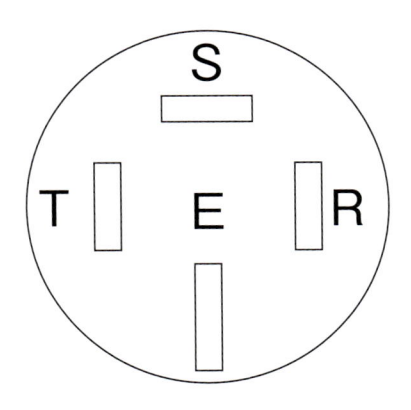

コンセントのSには電気が来ていないため、検電ドライバのネオン管は発光しません。T・Rには電気が来ているため検電ドライバのネオン管が発光します。Eはアースです。電動機などを接続する際は、電動機の回転方向を確認して配線のR・S・Tを接続する必要があります。

感電の防止

　電気保全作業では、電気が流れている活線に近づくことが多々あります。その際にもっとも危険なのは、電気が流れていないという思い込みです。たとえば、誤って点検をする回路とは別の回路のブレーカを落としていたような場合です。また、設備の負荷装置が充電されていた場合、ブレーカを落としただけでは感電防止にはなりません。必ず負荷装置側の検電を行います。

感電防止の注意事項

　感電を防止するには、次のような注意が必要です。

①使用する電線は必ず絶縁電線を使用し、移動用電線にはキャブタイヤケーブルを使用します。また、開閉器を設置しモールド遮断機を設置します。

②電気機器周辺のケースは絶縁体の樹脂製か、アース線を設置した金属製のものを用います。

③漏電遮断機を設置し、漏電遮断機が正常に作動することを確認します。

④制御装置に流れる電流は、できるだけ低い電圧のものを使用します。

⑤回路を含めて絶縁抵抗値を確認し、絶縁抵抗値が十分か確認します。

人体に電流が流れるとどうなる

　活線に接触した場合、電流は人間を通って大地に流れます。電流が5～25mA前後になると痙攣を起こし、接触している箇所から離れることが困難になります。また、血圧が上昇し呼吸困難が起こります。25～50mA前後で強い痙攣を起こし失神・死亡する可能性もあります。50mA以上では、心肺停止ややけどにより死亡する可能性が極めて高くなります。

大切な電気設備の絶縁

　電気設備における絶縁とは、電気が流れる部分以外には電気が流れないようになっていることです。絶縁電線の場合、電流は電線内部の芯線に流れますが、芯線が抵抗の高い絶縁物でおおわれているために人体が触れても感電することはありません。しかし、絶縁状態を維持できない電気機器や電線類に触れた場合、人体を通して大地に電流が流れてしまい感電してしまいます。感電を防止するには、電気機器や電線などが一定以上の絶縁抵抗値を保っていることが必要です。

アース接続用プラグ

三相交流200V用のケーブル

電動機に接続されているケーブルには、アース線と動力線があります。アース線を接続するプラグは、ほかの動力線より差し込み部分が長くなっています。これは、電動機が漏電していた場合、コンセントにプラグを差し込んだ時点で、漏電遮断機が作動するようにするためです。

工場用の電源スイッチ

工場設備で使用している電源スイッチです。家庭用とは異なり、大電流が流れているので、短絡しないよう注意が必要です。モーター側に接続する場合、負荷側：赤色R相とU相、白色S相とV相、黒色T相とW相を接続します。RSTとUVWを逆に接続すると逆回転します。

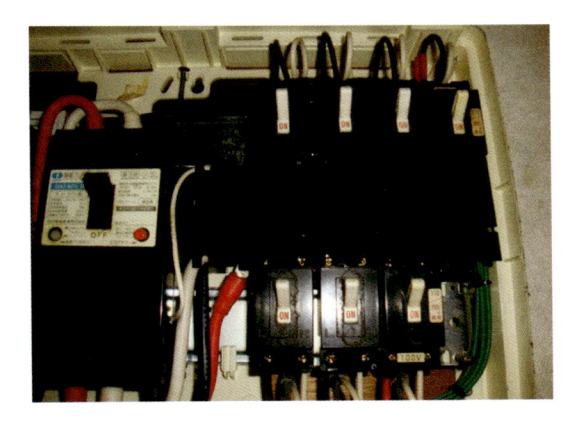

電流の遮断を確認してから作業する

配電盤内のスイッチは設備ごとに設けられています。作業時には、作業する配電盤のスイッチを把握しておく必要があります。間違ったスイッチを遮断したため、電気設備に電流が流れているまま作業を開始して感電事故が起こった事例があります。完全に電流が流れていないことを確認してから作業することが重要です。

モールド遮断機

電気設備に使用されているモールド遮断機は、電気絶縁に優れる樹脂でできています。しかし、防水性でない遮断機などを濡れた手などで操作した場合、感電する場合があります。スイッチの裏側は電流が流れる構造になっているため、注意が必要です。

感電の種類

電位差で起こる接地感電

　感電の種類には、接地感電と短絡感電があります。接地感電は、地面に立って電気が流れている電圧側の一線に片手で触れた場合などに起こります。電流は人体を通って地面に流れ、接地線を通って変圧器に戻る回路ができてしまうため感電します。この原理は、電線にとまる鳥が感電しないこととも関係があります。電線にとまっている鳥が感電しないのは両足に電位差がないためで、鳥でも両足の間に電位差が生じると感電します。たとえば、電線に止まっている鳥の羽がアースされている鉄塔や他の電線に接触した場合などです。

ショートによる短絡感電

　短絡感電は、人間が地面に立って電気が流れている電圧側の2線に両手で接触した場合などに起こります。電流は直接人体を通って2線の電線の間に流れてしまいます。短絡感電は人体が2本の電線間でショートを起こしたことになります。両手で接触していますので、電流は直接心臓を通って流れることになり大変危険な状態です。

絶縁破壊によるフラッシュオーバ

　送電鉄塔などにある超高圧送電線用の電線は、被覆はされていますが絶縁は確保されていません。そのため、空気が絶縁破壊することで送電線が閃絡状態（フラッシュオーバ状態）になることがあります。

　絶縁破壊とは、絶縁体に一定以上の電場がかかると、電気抵抗が急激に低下してしまう現象です。空気が絶縁状態を保てなくなり導体になってしまうと、空気に電気が流れてしまいます。絶縁破壊が発生して電流が流れた瞬間アークが発生し、青白いスパークを目で見ることができます。絶縁破壊が起こると通常絶縁されている部分の絶縁が破れます。その部分に電圧がかかった瞬間、電気機器類の故障を引き起こすことがあります。

　また、ガソリンエンジンのスパークプラグには高電圧がかかっています。プラグコードは通常絶縁されていますが、コードが汚れていたりすると絶縁破壊を起こし、プラグコード周辺がフラッシュオーバ状態になります。フラッシュオーバ状態のプラグコードを触ると感電するときがあります。電流は小さいものの、コイルで数万ボルトに昇圧されていますので注意が必要です。

絶縁破壊

プラグコードは通常絶縁されています。しかし、絶縁コードが濡れていると、絶縁破壊を起こし、プラグコード周辺がフラッシュオーバ状態になります。その状態で手など触れたときに感電するおそれがあります。

プラグコードが汚れていると、感電する恐れがあります

プラグコードの汚れ

プラグコードの絶縁コードが汚れていると、フラッシュオーバ状態になることがあります。電流は小さいものの、コイルで数万ボルトに昇圧されているので注意が必要です。この状態ではスパークプラグに流れる電流が少なくなります。スパークプラグから出る火花が少なくなり、エンジンの回転数が安定しない場合があります。

放電が確認できます

エンジンの放電

ガソリンエンジンのスパークプラグからプラグコードを外し、金属棒などを差し込みます。次にエンジンをかけて、金属棒を車体金属に近づけると、距離が離れていても放電しているのが確認できます。この放電がエンジン内部で燃料を着火させ、燃料が爆発的に燃焼する力を利用してエンジンを回転させています。

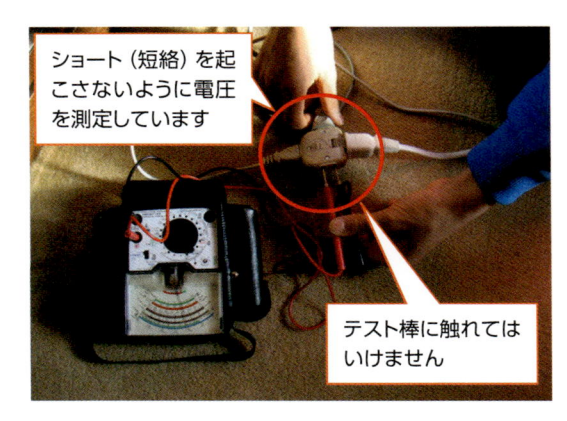

ショート（短絡）を起こさないように電圧を測定しています

テスト棒に触れてはいけません

テスタを使用した測定

交流100V電源をテスタで測定しています。テスタのレンジは交流電圧の電圧100V以上のレンジを選択します。短絡させないようにテスタを平行に置いて、電源コンセントに入れます。テスタが100Vの値を示している場合、電気コードには交流100Vの電圧がかかり、電気が流れていることになります。

短絡

　短絡（ショート）とは、電気が流れている電線の両端を直接接触させることです。

　たとえば、家庭用の100V電源に100Ωの電球が点灯していた場合、電球に流れる電流はオームの法則により、100V/100Ωで1Aになります。しかし、ドライバなどで電線に触れてしまった場合、ドライバの抵抗を1Ω程度とすると100V/1Ω＝100Aの大電流が流れます。電線には電気を流せる最大量（許容値）が決まっており、仮に許容値以上の電流が流れた場合、電線が発熱します。電線に許容値以上の電流が長時間継続して流れると、被覆が燃えて火災事故につながります。

　そこで、誤って接触しても問題がないように、ヒューズを挿入します。誤って触れた場合には、ヒューズが切れて危険を防ぎます。ヒューズを交換するときには、必ず電源を切ってから行います。

自動車に起こる短絡

　電線を短絡させないようにするには、電気の流れた2線の両端をつなげないことですが、自動車などの短絡は1線でも起こります。自動車の電気は直流電源（バッテリー）を使用しており、自動車の車体はマイナスで、プラス側だけ配線がある状態になっています。そのため、自動車の配線を取り扱うときには、必ずバッテリーのマイナス側配線を外す必要があります。万が一マイナス側を外さないで作業を行うと、取り扱う配線すべてがプラス側となり、車体に触れた瞬間に短絡（ショート）を起こします。自動車にはプラス側に必ずヒューズが装備されていますが、もしヒューズを装着していない配線の場合、配線が過電流により加熱し火災事故につながる場合もあります。

　工場や家庭の電気設備には、ヒューズやサーマルリレーが装着されています。許容値以上の電流が流れた場合、サーマルリレーやヒューズが作動し危険を防止します。電気設備にはサーマルリレーのほかに漏電ブレーカなど安全装置が設けられています。これらの機器が確実に作動することが必要です。

サーマルリレーの接触不良で電動機が動かない

　ある会社から、壊れた電動機を交換したが一向に動かないという連絡がありました。配電盤にサーマルリレーが設置されていましたので、電源を遮断してサーマルリレーを外し内部を確認をすると、黒いホコリ状のものが付いていました。ウエスでこれをぬぐいとり、サーマルリレーを元に戻し、電源を入れ始動ボタンを押すと電動機は嘘のように回転し始めました。サーマルリレーの接点にごみなどが付着し接触不良になっていたため、作動しなかったのです。その後、サーマルリレーを新しいものに交換してもらいました。

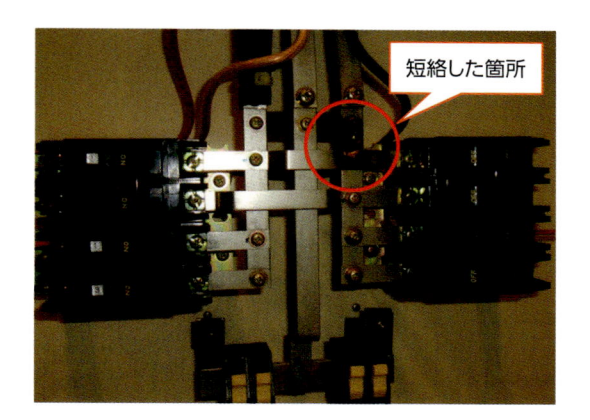

短絡した箇所

テスタの短絡

ある会社で、配電盤の点検をしていました。配電盤には200Vの電流が流れていましたが、何回も行っている作業なので慣れから気を抜いた状態で点検作業が行われていたと考えられます。結果として、テスタの先端が短絡し、大きな火花が飛び、電極を高熱により一瞬に溶かしてしまいました。

短絡により電極が
溶けていました

短絡した部分

上の短絡したテスタの拡大写真です。テスタの先端を短絡させたことで、一瞬のうちに非常に大きな電流が流れ、電極を溶かしてしまいました。200A以上の高電流が流れた可能性があります。

▶ 短絡（ショート）はなぜ危険？

　オームの法則では、電流＝電圧／抵抗の式で電流値を求められます。

　電気抵抗は材質によって異なり、電気計測機器のテスト棒は電気抵抗が比較的低い材質で作られています。電気計測機器に使用するテスト棒の抵抗を0.001Ωとして、交流200Vを使用している配電盤で短絡が起こったとします。この場合、テスト棒に流れる電流は200V/0.001Ω、すなわち計算上では200,000Aの電流が流れることになります。

　実際には遮断機が作動して一瞬しか流れないことになっていますが、一瞬でも人体に流れると大変危険な電流です。作業するときは必ず絶縁手袋や絶縁靴などを身につけ、安全作業を行うことが必要です。短絡は特に注意していても起こる可能性があるので、慣れた作業でも注意しながら作業することが大切です。

漏電

　電線や電気機器、工場内の電気設備などは、必要な箇所以外に電気が流れないよう絶縁しています。しかし、設備が古くなったり、絶縁したところが劣化したり傷がついたりすると、地面と設備との間が電気的につながってしまいます。このように、本来電気が流れてはいけない箇所に電気が流れることを漏電と呼びます。漏電によって流れる電流のことを地絡電流と呼びます。

なぜ漏電が危険なのか？

　絶縁が低下した部分に接触している金属ケースや金属配管に触れると、電気が人体を伝って地面に流れ、感電します。感電は死亡事故につながる場合もあります。また、電気がモノを伝って地面に流れる場合、可燃物が近くにあると火災事故につながります。水を使う電気機器では特に注意が必要です。

　漏電を防ぐ安全装置として、漏電遮断機が設置されます。漏電するとすぐに漏電遮断機が作動し、電気機器や電気設備に電気が流れないようにします。

過電流により漏電ブレーカがよく作動する

　ある会社から、電気設備の安全教育について相談がありました。電気設備を取り扱う作業者は、内部の仕組みを理解していない様子でした。実際に扱っている設備を見たところ、水蒸気を多く使う装置であったため、水が電源装置に水滴となって付着していました。

　配電盤を開けて内部を確認すると、漏電ブレーカが作動しないように細工してありました。頻繁に漏電ブレーカが作動して装置が止まるため、作動しないようにしていたのです。また、漏電ブレーカのレバーが手で落ちないようにして設備を動かすこともあると伝えられました。

　漏電ブレーカがよく作動する箇所の点検をすると、配線が過電流により変色を起こしていました。作業者には、必ず漏電箇所を修理し、水がかかる場所は漏電しないように防水型の電源装置をつけるよう指示しました。

100V電源に漏電遮断機、スイッチ、電球を接続しています。漏電がなく正常な状態です。黒い配線の電流値を測定して、漏電がないことを確認しています。

漏電遮断機の定格不動作電流が7.5mAの場合、漏電している電流が7.5mA以上漏電すると初めて作動します。家庭用では主に7.5mAの漏電遮断機が使われます。

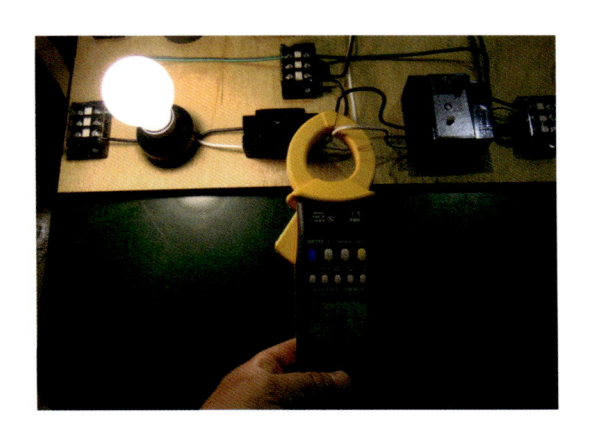

電流値の測定

黒い配線の電流値を計測したあと、白い配線の電流値も測定します。黒い配線と白い配線で同じ電流値になっていることが必要です。

黒い配線と白い配線の電流値が同じになっていない場合、漏電していることになります。同じ電流値になっていない場合、黒い配線と白い配線の差が漏電している電流値になります。

漏電遮断機から流れる電流の測定

クランプメータで白黒の配線を2本同時に測定すると、漏電遮断機から流れた電流が測定できます。この写真では0Aを示していますので、漏電していないことが確認できます。

白い配線と黒い配線の同時に測定してゼロAになっていない場合、クランプメーターが示す電流値が漏電している電流値になります。

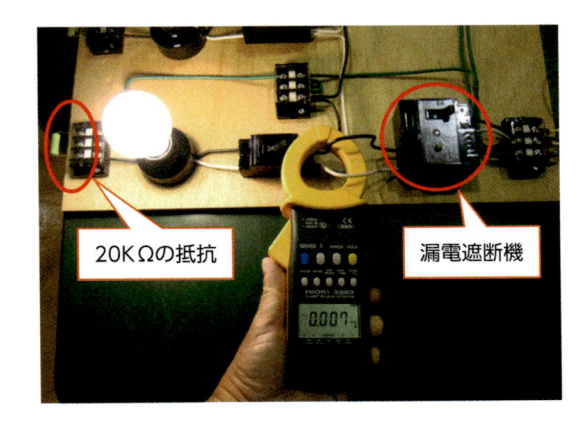

20KΩの抵抗

漏電遮断機

漏電の検出

電球からアース線に電流が流れるように接続し、その間に20kΩの抵抗をつないでいます。2本の電線の電流を測定すると、0.007Aの電流が漏電していることがわかりました。しかし、漏電遮断機は作動せず電球は点灯したままです。漏電遮断機が作動する許容値の範囲内であるためです。

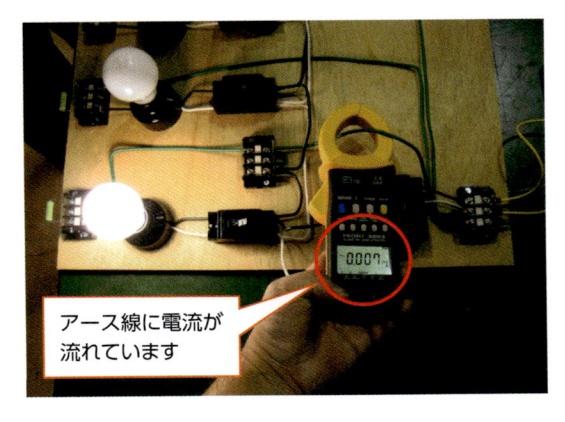

アース線に電流が
流れています

アース線の電流値の確認

アース線に流れている電流値と漏電遮断機から流れている電流値が同じ値になっています。すなわち、漏電遮断機が正常に動作していても、漏電している可能性があるということです。漏電遮断機が作動していなくても、アース線には電流が流れている恐れがあるため、注意が必要です。

災害事例

　電気関係の事故は数多くありますが、その中でも特に注意をしなければならない状況があります。事例紹介としてよく挙げられますが、コンセントのプラグが長期間差し込まれたままになっている場合は特に注意が必要です。家庭の電気機器では冷蔵庫、電子レンジ、工場の設備では、あまり目の届かないコンセントに差し込まれたプラグが危険な場合があります。

プラグのほこり汚れで発火

　コンセントに差し込まれたプラグが長期間差し込まれたままの状態になっている場合、コンセントとプラグの間でほこりなどが堆積し、燃える場合があります。堆積したほこりが湿気を帯びると、コンセントとプラグの間で火花放電が発生して、ほこりに引火します。プラグをコンセントに差していなくても、プラグがほこりで汚れていると、ほこりを取らないでコンセントにさした状態でも発生します。

　これは漏電とは異なりますので、コンセントとプラグの間で火花放電が発生していても通常の漏電ブレーカは作動しません。コンセントとプラグの間で火花放電が繰り返し発生すると、プラグの絶縁が劣化します。絶縁が劣化したプラグでは、発熱により電線自体が発火してしまう可能性があります。また、プラグ周辺に可燃性の有機物が付着している場合、火花放電によって発火する可能性があります。

目の届かないプラグの点検は定期的に行う

　ある会社で、製造装置の点検を行っていたところ、床下のプラグにほこりが堆積し、焦げた状態になっていることがわかりました。床下のコンセントは普段電気を通していませんでしたが、ときどき電源を入れて使っていました。幸い継続的に電気を流さなかったために火災事故にはつながらなかったのですが、火災事故につながるおそれがあったため、すべての電源コンセント、プラグの総点検をしました。また、定期的にプラグ周りのごみの清掃などを行うことにしました。ほこりが堆積しやすく目が届きにくい場所のコンセントやプラグは、定期的に清掃することが重要です。

コンセントの隙間には、ほこりがたまりやすい

見えない場所のコンセントに注意

電源コンセントは、ごみやほこりなどがないように定期的に掃除する必要があります。工場の設備でも同様に、定期的な清掃が必要です ほこりなどが堆積している場合、ほこりが火災事故の原因となる場合があります。 普段目の届かない場所のコンセントは、発火した瞬間に気がつかないために、火災事故につながります。

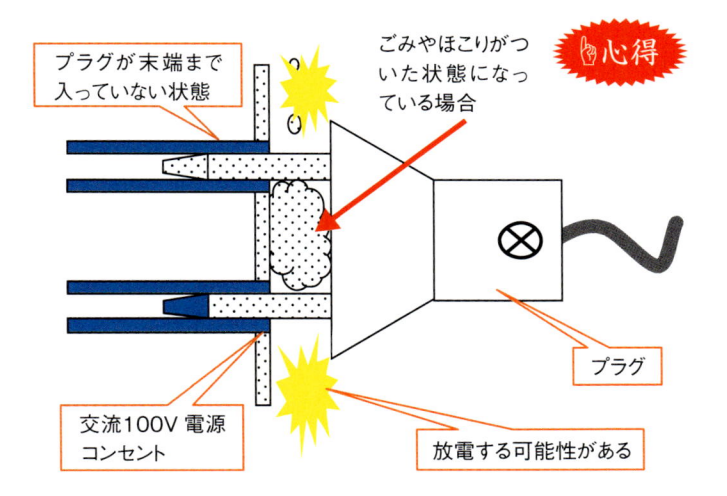

プラグが末端まで入っていない状態

ごみやほこりがついた状態になっている場合

心得

プラグ

交流100V電源コンセント

放電する可能性がある

ショート（短絡）の危険性は流れる電流の大きさによる。電流が流れない状態、つまりつながっていない状態であれば大丈夫だが、電圧が高いところから、微小なつながり方をしている場合には、小さな接続になる。この小さな接続は大変危険である。小さな接続は、大きな抵抗の接続になる。電源にプラグを中途半端に接続している場所に、ごみやほこりが堆積して、このほこりやごみが小さな接続になり、電流が流れ続けるとご

みやほこりから発熱して火災事故になるおそれがある。また、圧着端子などの接続部分でより線の芯線が数本切れて、接続されている場合にも同様小さな接続になる。長期間電流を流し続けている場合、小さな接続をしているところから発熱をする可能性がある。配線の接続時などの作業では、小さな接続をするところで大きな抵抗での接続になることを注意しながら作業を行うことが必要である。

▶ 配線の間違いで油圧モータが作動しない

　三相交流電源の配線の絶縁被覆をはがすと、内部には黒・白・赤・緑（アース線）の4本の配線があります。黒・白・赤の電線を電気設備につなぐときには、接続前に必ず配線の色を確認しておくことが大切です。モータなどは、組み合わせを間違えると回転が逆になってしまいます。

　ある会社から、油圧ポンプは回転しているが、油圧がまったく上がらないと連絡を受けました。確認をしていくと、油圧ポンプは確かに作動していますが、油圧タンク内の作動油が泡だらけで乳白色に変色していました。ポンプが逆に回っていることを伝え、電源を切ってから油圧ポンプの配線の2本を組み替えました。組み替えると油圧ポンプは正常に圧力が上がり作動しました。もし、ポンプを逆に回すことができない設備だったとしたら、配線を間違えて逆に回すと設備自体が壊れる場合もあります。電線を交換するときは配線の色をよく確認し、メモや図を書いて間違えないように配線するよう伝えました。

第 2 章

電気保全に必要な
基礎知識とは？

電気の3要素（電流・電圧・抵抗）

　電気を考えるときに基本になるのが、電流・電圧・抵抗です。これらは電気の3要素と呼ばれています。

電気は高い方から低い方へ流れる

　電気をわかりやすく理解するには、水が流れる様子を考えてみましょう。高い位置のタンクと低い位置のタンクをパイプで接続し、高い位置のタンクに水を入れると、水は高いところから低い所へ流れます。2つのタンクには高低差、すなわち位置エネルギーの差があるため、水は高いほうから低いほうへと流れていきます。

　水の流れを電気に置き換えて考えてみます。乾電池に電球をつなぐと、プラス極からマイナス極に向かって電流が流れ、電球が点灯します。電池のプラス極とマイナス極の間に電気的な差があると考えると理解しやすいでしょう。電気の場合、水位に相当するのが電気的な差である「電圧（電位）」、水流に相当するのが「電流」となります。

抵抗は電気の流れを調整する

　水が高いほうから低いほうへと流れるのは、容易に想像がつくと思います。それでは、水流（水量）を変化させたい場合には、どうすればよいでしょうか。水が流れるパイプにバルブを設置し、バルブの開閉量を調整することで水流（水量）を変化させることができます。設置したバルブを全開にすれば水を大量に流すことができますし、逆にバルブを調節して少量の水しか流れなくすれば、流れる水量は少なくなります。この仕組みを電気に置き換えると、水の水量を調整するバルブが抵抗になります。

　抵抗は、電気の流れ方を流れやすくしたり、逆に流れにくくしたりする役割を持ちます。電気の場合、抵抗は電気が通る電線の中など、電気の流れる箇所に必ず存在します。また、電気が流れる物質の種類によっても電気の流れにくさが異なり、温度変化によっても電気の流れにくさが変化する物質があります。

オームの法則

　電気の3要素にはそれぞれ単位があります。電流の単位は「アンペア〔A〕」です。1アンペアは、1オームの抵抗に1ボルトの電圧を加えたときに流れる電流です。電圧の単位は「ボルト〔V〕」です。1ボルトは、1オームの抵抗に1アンペアの電流を流したときの電圧です。抵抗の単位は「オーム〔Ω〕」です。

　このように、電気の3要素は電圧・電流・抵抗が密接に関係しています。この3つの関係性を表す法則は、「オームの法則」と呼ばれます。

電気の流れを水の流れで説明する

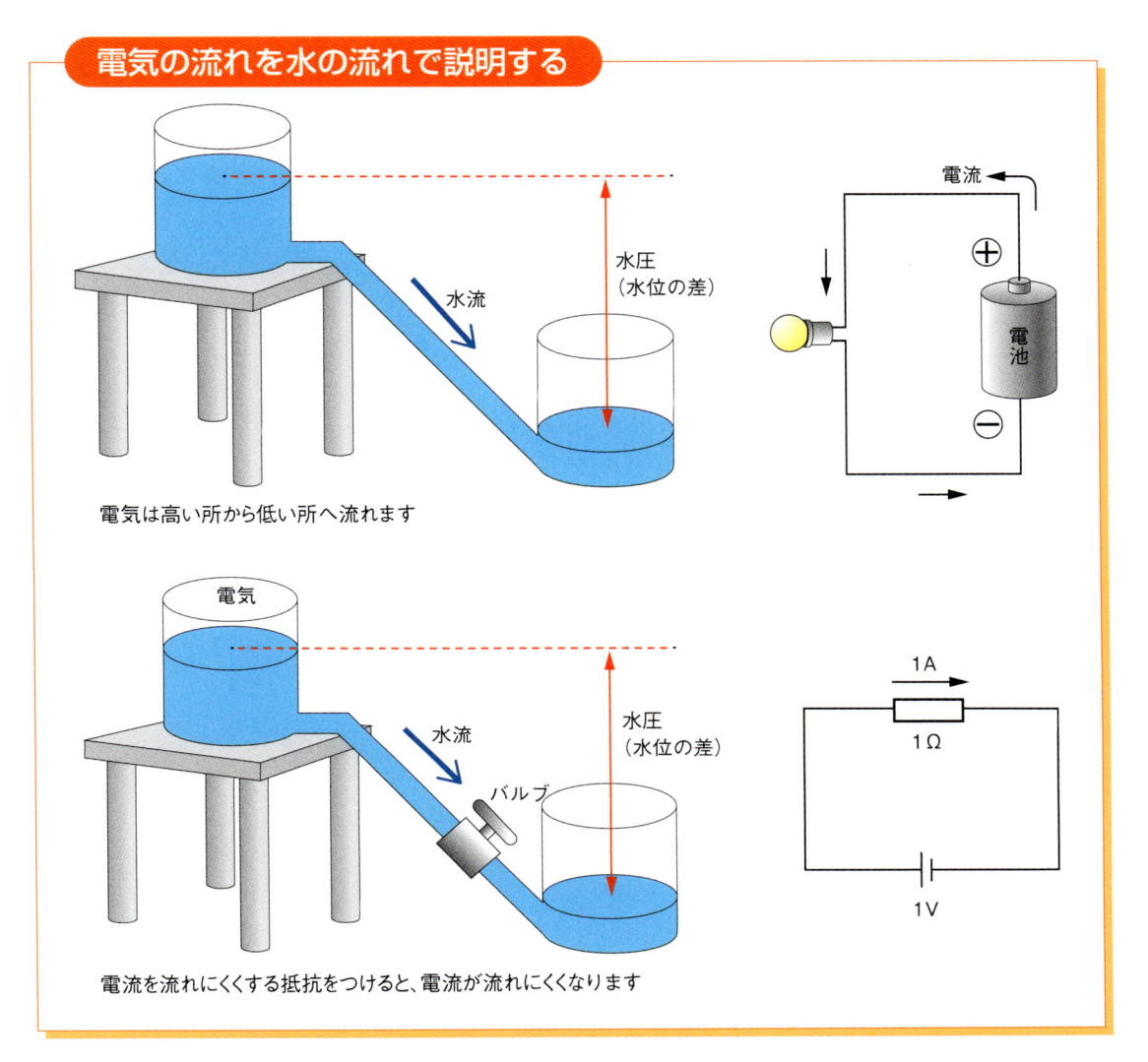

電気は高い所から低い所へ流れます

電流を流れにくくする抵抗をつけると、電流が流れにくくなります

一般家庭用の交流電流の使われ方

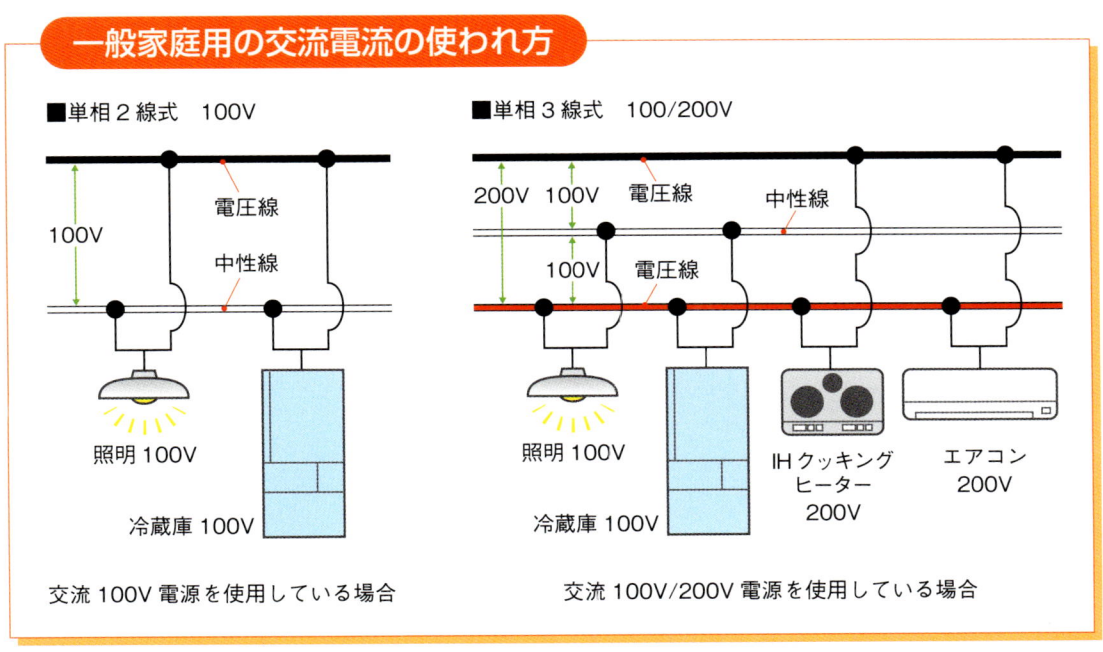

■単相2線式　100V

交流100V電源を使用している場合

■単相3線式　100/200V

交流100V/200V電源を使用している場合

オームの法則

　電気の3要素である電流、電圧、抵抗は、それぞれどのような関係にあるのでしょうか。前節で説明した水の流れを例にして考えてみましょう。

水を効率的に流すには、どのようにすればよい？

　高い位置にあるタンクから、より水を流しやすくする方法を考えてみましょう。下の3つのような方法が考えられます。

①高い位置にあるタンクをより高くします。タンクの位置をより高くするほど、位置エネルギーの差が大きくなります。そのため、パイプ内ではより多くの水が流れることになります。

②パイプの途中にあるバルブの開度を全開にします。バルブを全開にすることで、水を流れにくくする障害がなくなります。

③2つのタンクを接続するパイプの直径を大きくします。パイプの直径を大きくすることは、一度に流れる水量を増やすことにつながります。

電気に置き換えて考えよう

　上記の水の例を、電気に置き換えて考えてみます。①と同じく、電圧を高くすればするほど電流は多く流れます。②と同じく、抵抗を小さくすればするほど電流は流れやすくなります。そして③と同じく、電線を太くするほど抵抗が小さくなり、多くの電流を流すことができます。

　電圧、電流、抵抗の関係をまとめると、電流の大きさは電圧の大きさに比例して大きくなり、抵抗の大きさに反比例して小さくなります。このような、電圧、電流、抵抗の関係をまとめたものを「オームの法則」と呼びます。E＝電圧〔V〕、I＝電流〔A〕、R＝抵抗〔Ω〕とすると、下のような関係式で表されます。

$$E＝I×R \qquad I＝E/R \qquad R＝E/I$$

　この式から、「電気回路に流れる電流は電圧に正比例し、電気抵抗には反比例する」ことがわかるでしょう。

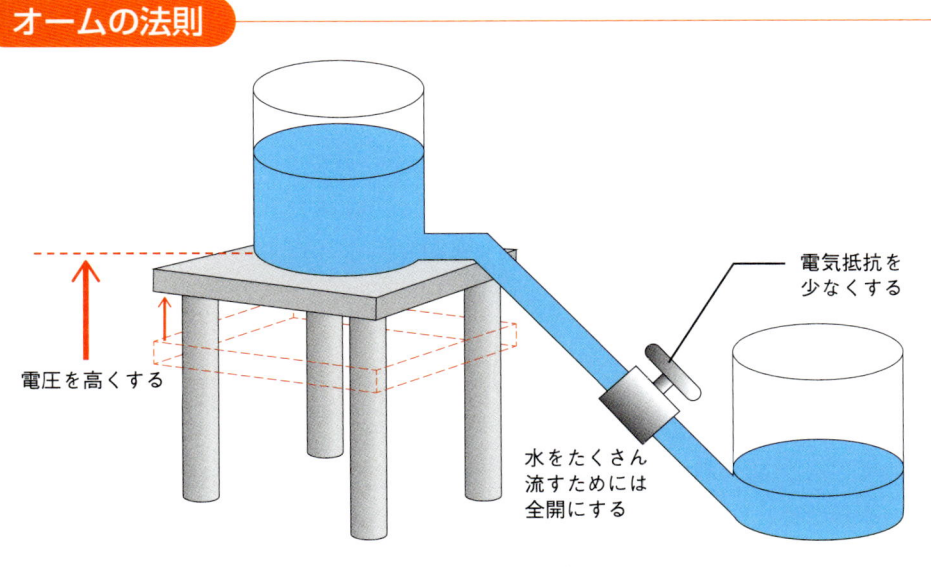

水をたくさん流すためには高い所から流し、途中の抵抗をなくせばよいです

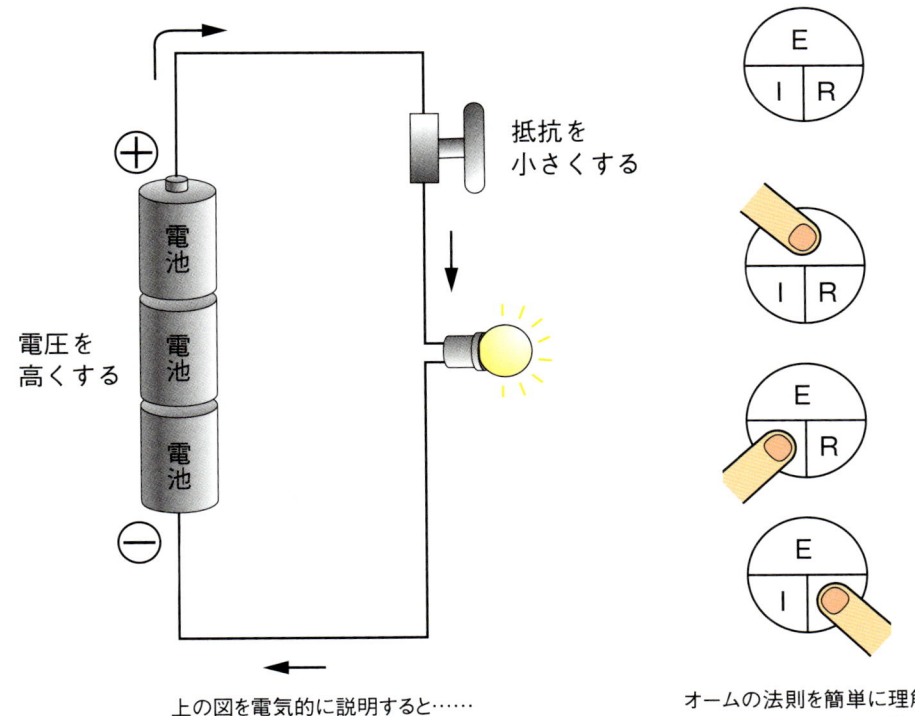

オームの法則を簡単に理解する方法（求めたいものを指でかくし、割り算、かけ算を行う）

例：抵抗（R）を求めたいときには R を指で押さえると、$\dfrac{電圧（E）}{電流（I）}$ になります

抵抗の合成

　抵抗の接続方法には直列接続と並列接続があります。接続方法が異なると、抵抗に流れる電流・電圧の値に変化が生じます。どのような特徴があるか見ていきます。

抵抗の直列接続

　多くの電球を1本の電線に連続してつなぐ方法を直列接続と呼びます。直列接続を水の流れる様子から考えます。標高の高い位置にある池に端を発し、川が3つの滝を通りながら下流に流れるとします。滝の高さがすべて同じ場合、それぞれの滝で流れる水量は等しく、また、池から流れ出た水量と等しくなります。そして、3つの滝の高さを合計すると池の高さになります。

　この滝から流れる水量を電気に置き換えて考えてみると、電気が流れる回路内の各抵抗（滝）に流れる電流量（水量）は、抵抗の大きさが同じであればどの抵抗でも等しく、また全体の電流量も等しいということになります。

　　電流　　$I_0 = I_1 = I_2 = I_3$

　また、回路内の抵抗（滝）で発生する電圧降下（滝の水位）の合計は、回路内に流れる電源電圧（滝全体の水位）に等しくなります。

　　電圧　　$V_0 = V_1 + V_2 + V_3$

　オームの法則により、回路全体の合成抵抗は回路内の各抵抗の総和に等しくなります。

　　抵抗　　$R_0 = R_1 + R_2 + R_3$

抵抗の並列接続

　1本の電線からタコ足のようにつなぐ方法を並列接続と呼びます。並列接続も水の流れる様子から考えます。池から流れ出た水は、枝分かれした3本の滝を通り、下流で1本につながっているような様子です。それぞれの滝の高さがすべて等しい場合、池から流れ出た水量の合計が全体の水量と等しくなります。

　この滝から流れる水量を電気に置き換えて考えてみると、回路内の抵抗（滝）で発生する電圧降下（滝の水位）は、どの抵抗でも等しく、また全体の電圧も等しくなります。

　　$V_0 = V_1 = V_2 = V_3$

　また、回路内の抵抗（滝）に流れる電流量（水量）の合計は、回路内に流れる電源の電流量（滝全体の水量）に等しくなります。

　　$I_0 = I_1 + I_2 + I_3$

　オームの法則により、回路全体の合成抵抗は以下のようになります。

$$R_0 = \cfrac{1}{\cfrac{1}{R_1} + \cfrac{1}{R_2} + \cfrac{1}{R_3}}$$

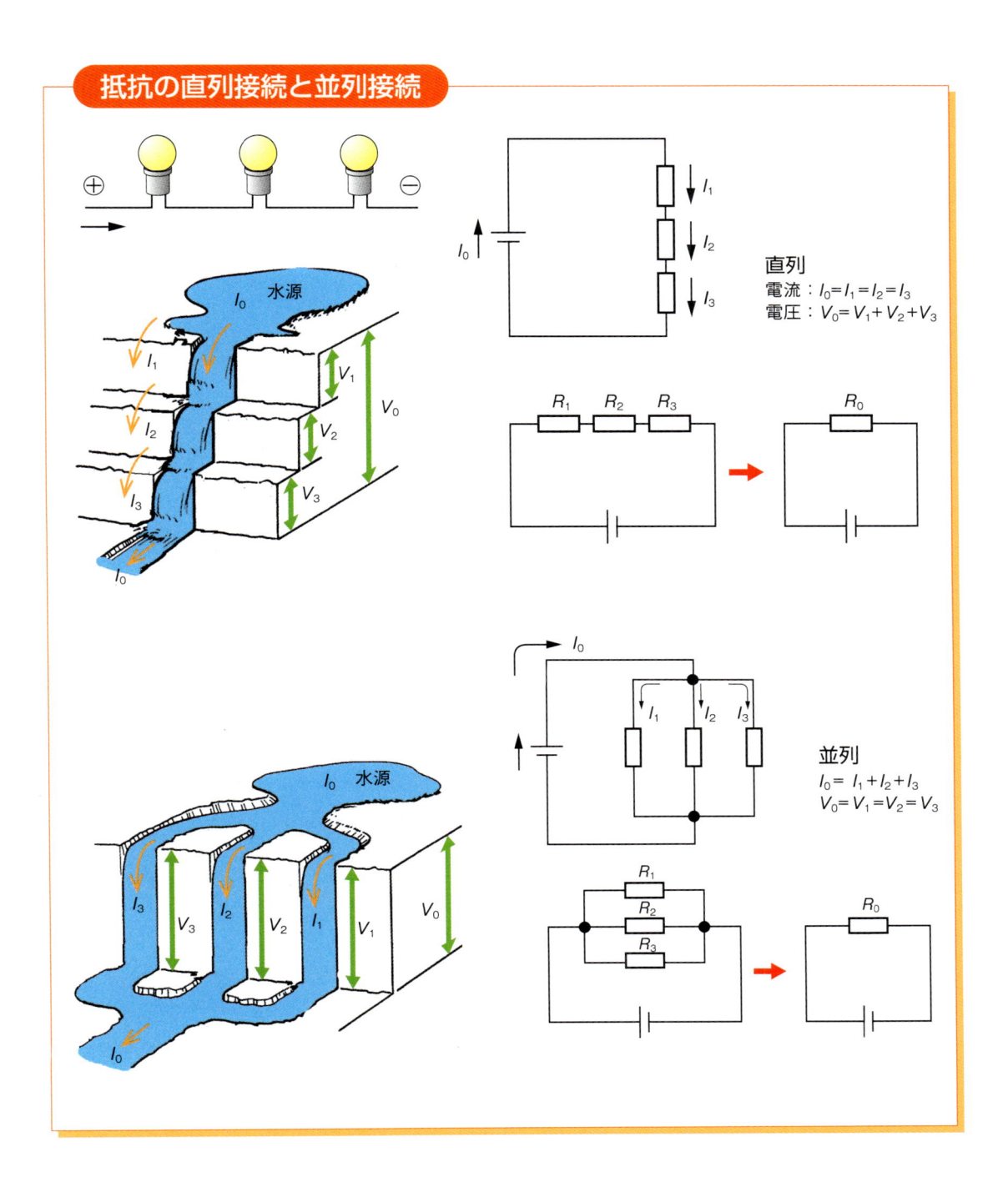

抵抗の直列接続と並列接続

水源 I_0

I_1
I_2
I_3
I_0

V_1
V_2
V_3
V_0

I_0
I_1
I_2
I_3

直列
電流：$I_0 = I_1 = I_2 = I_3$
電圧：$V_0 = V_1 + V_2 + V_3$

R_1　R_2　R_3 → R_0

水源 I_0

I_3　I_2　I_1
V_3　V_2　V_1　V_0
I_0

I_0
I_1　I_2　I_3

並列
$I_0 = I_1 + I_2 + I_3$
$V_0 = V_1 = V_2 = V_3$

R_1
R_2
R_3 → R_0

短絡・ショート

　電流が流れている配線同士が接触すると火花が飛びます。一般的にはこの現象が短絡と思われていますが、電気回路におけるショート（短絡）とは、電気抵抗なしに電線をつなぐことを指します。電流が流れている電線の両端をつなぐと、電源をショートさせます。それでは、ショート（短絡）がなぜ危険か考えていきましょう。

ショート（短絡）はなぜ危険？

　前項のとおり、オームの法則は「電流＝電圧／抵抗」という式で成り立っています。抵抗なしにショート（短絡）させるとどのようになるか計算してみましょう。たとえば、電圧1.5Vの乾電池の両端に配線（抵抗0.01Ω）を直接つなぐと、流れる電流は下のようになります。

　　　電圧1.5V／抵抗0.01Ω＝電流150A

　理論上は150Aの電流が流れることになりますが、乾電池の場合、150Aの電流は流れません。乾電池には150Aを流す能力が備わっていないためです。しかし、電気機器や工場設備で使用している電源には、高電流を流す能力があります。これをショート（短絡）させると、乾電池とは異なり高電流が流れ、電源周辺や回路内にある部品が一瞬にして壊れてしまう可能性があります。

　こうした事態を防ぐため、高電圧電源を使う装置では、安全対策としてヒューズや遮断機（ブレーカ）などが回路内に設置されています。規定以上の電流が流れると遮断機（ブレーカ）が電流を遮断し、ヒューズが溶断して物理的に電流が流れないようにしてしまいます。ただし、遮断機（ブレーカ）やヒューズが設置してあるからといって安心はできません。ヒューズや遮断機（ブレーカ）が作動するまでには、数秒の時間がかかります。ほんの数秒でも大きな電流が流れた場合、回路や電源周辺、回路内にある部品が壊れてしまう場合があります。さらに、装置が壊れて電流が流れないようになるのではなく、そのまま回路内に電流が流れている場合、発熱により装置が発火するおそれもあります。こうした危険性があるため、ショート（短絡）を起こさないことが大切です。

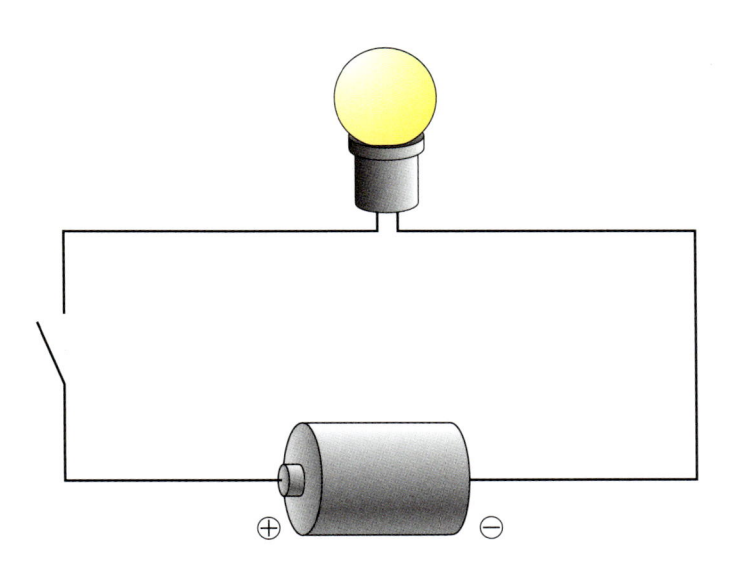

上記の電気回路を参考にして、短絡（ショート）を考えてみます。スイッチを接続すると、電球は点灯します。スイッチを切ると電球は消えます。電球に電流が流れると、電球の抵抗に電流が流れることで電球が点灯します。電球に抵抗があることで短絡（ショート）ではない状態になっています。

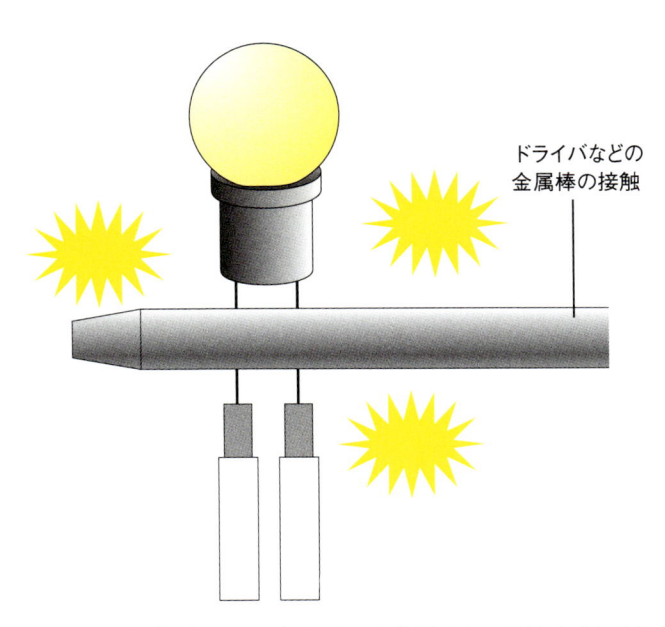

ドライバなどの
金属棒の接触

上記の図は短絡（ショート）している状態です。ドライバなどの金属は電気抵抗がゼロに近い状態です。電流が流れている電線などに直接触れると、電流はドライバに無限大の電流を流してしまいます。大きな電流が流れた場合、安全装置としてヒューズや遮断機が作動する構造になっています。

電流の作用

　蓄電池や電源から流れる電流は、3つの作用を持っています。①電流による発熱作用、②電気分解などの化学作用、③電動機などの回転機械を回す磁気作用です。

電球や電熱機器は発熱作用を利用

　材料は電気をよく通す導体、電気をあまり通さない抵抗体、電気を全く通さない絶縁体に区別されます。発熱作用を利用するには、電気をあまり通さない抵抗体が用いられます。たとえば、電熱機器、ヒータなどに用いられるニクロムなどです。また、電球では抵抗体にタングステンを使用して、発熱と発光を目的に利用しています。許容以上の電流が流れないように許容値以上の電流が流れた場合、ヒューズが電線を溶断して電流を流れないようにします。このような安全装置にも発熱作用が利用されています。

電気分解やバッテリーは化学作用を利用

　電気を通す液体（電解液）に電流を流すことで、液体中の金属を金属表面に結合させる電気めっきは、化学作用を利用しています。また、水分子を水素と酸素に分解するような電気分解にも化学作用が利用されています。自動車用のバッテリーも電気分解で発生した電気を利用するものです。バッテリーは電気を消費するだけでなく、発電装置により電気を供給すると電気分解により充電されます。充電・放電を繰り返しながら一定電圧を供給する構造です。

電動機や発電機は磁気作用を利用

　コイルや電線に電流を通して発生させる磁力は、電動機や発電機などに利用されています。電線に電流を流した場合、電流が進む方向に同心円状の磁界が発生します。磁界の向きは、電流の向きを右ねじの進行方向にした場合、回転する方向になります。また、電動機は電磁力を利用し、発電機は電磁誘導の原理を応用しています。

　誘導電動機は、コイル部分の固定子、回転する回転子からなり、回転子が固定子内部を効率よく回転させる軸受になります。固定子に電流を流して磁界を発生させ、磁力を受けて回転子が回転します。電動機を効率よく稼働させるには、固定子と回転子の距離を限りなく小さくする必要があります。回転子と固定子が接触しない状態で回転するよう、軸受が回転子に装着されています。

　電磁誘導によって、磁石の磁界をコイルに与えることでコイル内に電流が流れます。また、N極とS極の極性を変えることで電流が逆方向に流れます。電磁誘導によって発生する電流の大きさを変えるには、磁石を動かす速さを速くする、磁石の磁力を強くする、コイルの巻き数を増やすことで発生する電流を大きくできます。

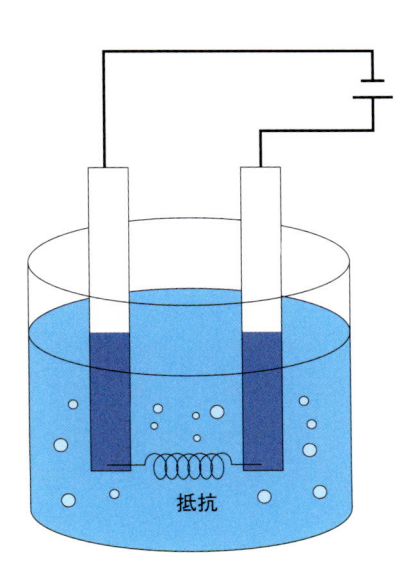

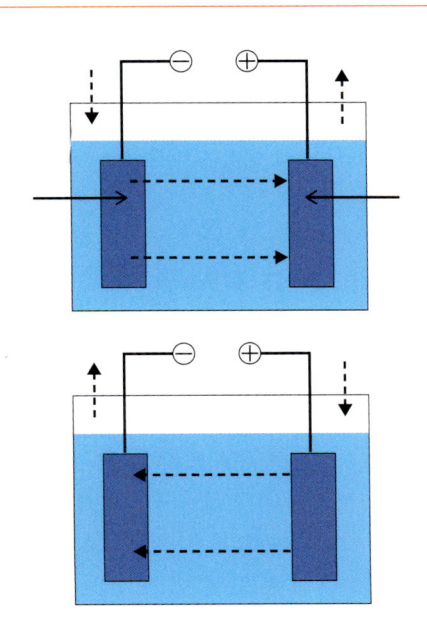

発熱作用を利用したもの

電気抵抗が大きい抵抗体に電流を流すと、電気は熱に変わります。電熱器などに用いられる抵抗体は、ニクロム線などが用いられています。このニクロム線は、電気を流しにくい金属です。この電気を流しにくいニクロム線を利用して、電気ストーブや電気ポットなどが電気エネルギーを熱エネルギーに変えています。

化学作用を利用したもの

自動車に用いられるバッテリーは、電気を使うことにより、バッテリー内部で電気分解が発生しています。バッテリーの電気が消費されると、少なくなった分だけ、電気分解により充電されます。しかし、永久に放電し続けることはできないので、外部から電気を補充します。バッテリー内部では逆の電気分解により電気を蓄えます。自動車は、充電・放電を繰り返しながらバッテリーは一定電圧を供給する構造になっています。

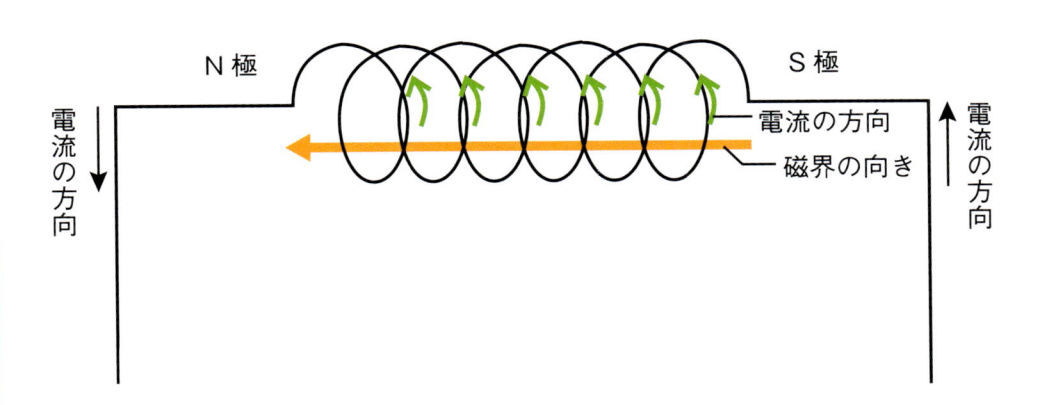

磁気作用を利用したもの

コイルに電流を流すと磁界が発生します。また、コイルに電流を流すことをやめると磁界は無くなります。磁界が発生すると、コイル自体が磁石になります。電磁石の性質を利用しているのが電磁リレーや電磁開閉器などです。

● 現象

コイルに電流が流れる方向に、右手の人差し指から小指までをあてがうと、磁界の方向は右手の親指が指す方向になります。
また、右手の親指から磁力線が発生しています。この磁力線が束になって磁力を強くしています。この磁力線の束を磁束と呼びます。

磁気と静電気

　静電気とは、どのような電気でしょうか？　乾燥する冬場、セーターを脱ごうとしたときにパチパチとセーターから小さな火花が発生したり、ドアのノブを触った瞬間に火花が発生したりした経験は誰でもあると思います。このような現象は静電気が原因とよく言われています。

　静電気には、正確には静電気と動電気の2種類があります。動電気とは、たとえばセーターに帯電した電気がドアノブなどに移るような電気をいいます。そして、ドアノブに移動しない電気を静電気と呼びます。すなわち、動電気は移動できる電気を指す言葉です。一般に電気と呼ばれるのは、この動電気のことです。セーターなどの摩擦により発生する電気は、一瞬にして流れてしまうほど微量な電気量ですが、電池や発電機は連続して動電気を流すことができます。

　鉄鉱石の一種で、磁鉄鉱と呼ばれる物質があります。磁鉄鉱は鉄片などを引き付ける性質があります。また、磁鉄鉱を細い鉄の針にこすりつけると、鉄の針は磁石のように、ほかの鉄を引き付ける力をもつようになります。このように、鉄が磁石になる性質を磁性と呼び、鉄が磁石になる現象を磁気誘導と呼びます。磁石は磁鉄鉱を材料にして作られており、鉄など磁性体を引き付ける能力を持ちます。

　鉄をもっともよく引き付けることができる部分を磁極と呼びます。棒磁石の中央を糸でつるすと、棒磁石は南北を示すように静止します。北を指し示すほうがN極、南を指し示すほうがS極になります。このN極・S極が磁極と呼ばれるものです。N極とS極同士は反発し、異極同士は引っ張り合います。

磁石と磁力線

　磁石の上に透明なガラスを置き、上から砂鉄をまくと、磁石の磁極に模様ができます。この模様は、磁石の極性によって異なります。S極・N極同士の模様と異極同士の模様は異なった形になります。この模様をつくるのに影響を与えているのが磁力線です。磁力線の影響により、砂鉄は模様をつくります。磁力線の方向は、N極から磁力線が外部へ出る方向に進み、S極では外部からS極に集まるようになります。

磁鉄鉱

磁鉄鉱は磁気をもった鉱石です。磁鉄鉱が砂状になった物質が砂鉄で、磁石は磁鉄鉱や鉄鋼から作られています。磁鉄鉱には極性があり、片方の極性がN極だともう片方はS極になります。異極性同士は引っ張り合い、同極同士は反発し合います。

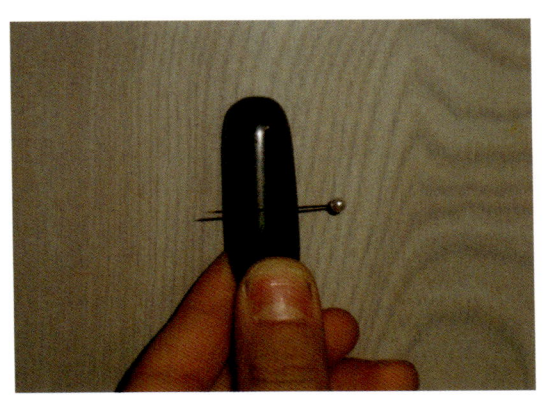

磁鉄鉱の磁性

磁鉄鉱に鉄の針をこすりつけると、針へと磁性が移ります。 磁性が移った針は磁性を帯びた磁石になります。針が磁石になる現象を磁気誘導と呼びます。この性質を利用し、残留磁気の多い金属を用いて永久磁石が作られています。

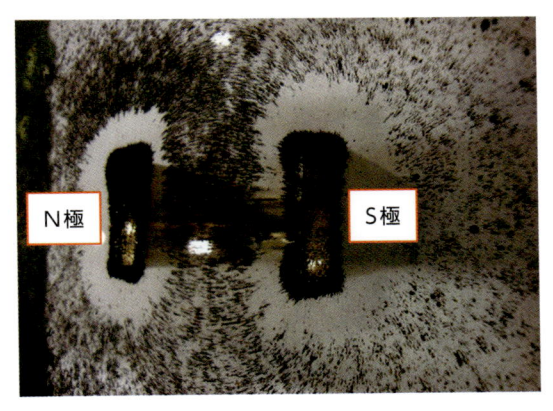

N極　S極

磁力線を可視化する

磁極から出る磁力線を目で直接見ることはできません。しかし、磁石の上にガラスなどの透明なものを置き、その上に砂鉄をまくと、磁力線は砂鉄が作る模様を通して見ることができます。
磁力線は、磁極のN極からS極に向かって進んでいます。そのため、磁石の同極同士では、磁力線が反発するように進ます。逆に異極同士では、吸収するように進みます。

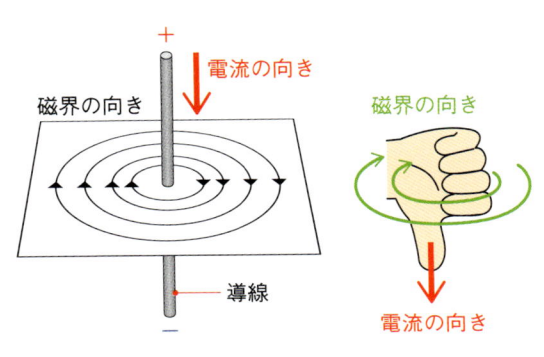

＋
電流の向き
磁界の向き
導線
磁界の向き
電流の向き

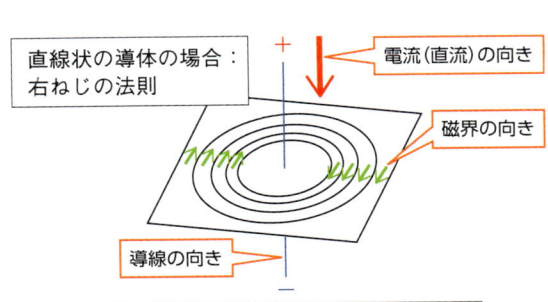

直線状の導体の場合：右ねじの法則
＋
電流(直流)の向き
磁界の向き
導線の向き

直線状の導体に電流（直流）が流れる場合、電流が流れる方向に右回りの円を描きながら磁力線ができます。

磁気作用

　1本の導線に電流を流すと、磁石と同様に導線を中心として同心円状の磁力線が発生します。右ねじが進む方向を電流の向きとした場合、磁力線が進む方向は右ねじの回転方向になります。右ねじが進む方向に磁力線が発生し、磁力線が発生している場所を磁界と呼びます。

磁界と電流の関係を示す右ねじの法則

　これはすなわち、「電流が進む方向に磁界が発生する」ことになります。電流が進む向きにも同じ磁力線が存在することになります。電流から発生する磁力線の強さ（磁界の強さ）は、導線に流す電流が強いほど強くなります。逆に導線に流れている電流から遠いほど弱くなります。

　導線に電流を流すと磁界が発生することと同じ原理で、1本の導線を円周状に巻いたコイルでも同様に磁界が発生します。導線をコイル状に巻いたほうが、巻いていない導線よりも発生する磁界が強くなります。コイルに発生する磁界を利用したものがソレノイド（電磁石）です。ソレノイドは電気機器などに利用されています。電流をコイルに流すと磁界が発生し、電流を流すのをやめると磁界が無くなります。

　コイルに発生する磁界の向きは、右手を使って確認できます。右手の人差し指から小指までは電流が流れる向きになり、親指が磁界の向きになります。また、コイルに発生する磁界の強さは、電流が同じ場合はコイルの巻き数が多いほど強い磁界が発生し、巻かれたコイルの直径が小さいほど強い磁界が発生します。そのため、ソレノイド（電磁石）として使われているコイルは、直径が小さく巻き数が多いものが使われています。

電磁誘導

　コイルに電流を流すと磁界が発生します。逆に、コイルに磁石を近づけたり遠ざけたりすると、コイルに電流が流れます。磁石を速く動かすほどより強い電気が発生します。この原理を電磁誘導と呼びます。発電機はこの原理を利用して電気を作ります。

　電磁誘導によって流れる電流を誘導電流と呼びます。誘導電流によって流れる電流を大きくするには、コイルの巻き数を増やす、磁石を動かす速さを速くする、磁力を強力にするなどの方法があります。この他、効率よく誘導電流を流すためには、磁石とコイルの隙間を限りなく小さくする必要があります。

　磁石のN極とS極を反対にすると流れる電流の方向も逆になります。発電所などでは、タービンに取り付けてある電磁石を回転させ、電磁誘導の原理を利用して大量の電力を発電しています。家電製品では、IHクッキングヒーターや置くだけで充電できるスマートフォンの充電器など、日常生活の中でもいたるところで電磁誘導を利用しています。

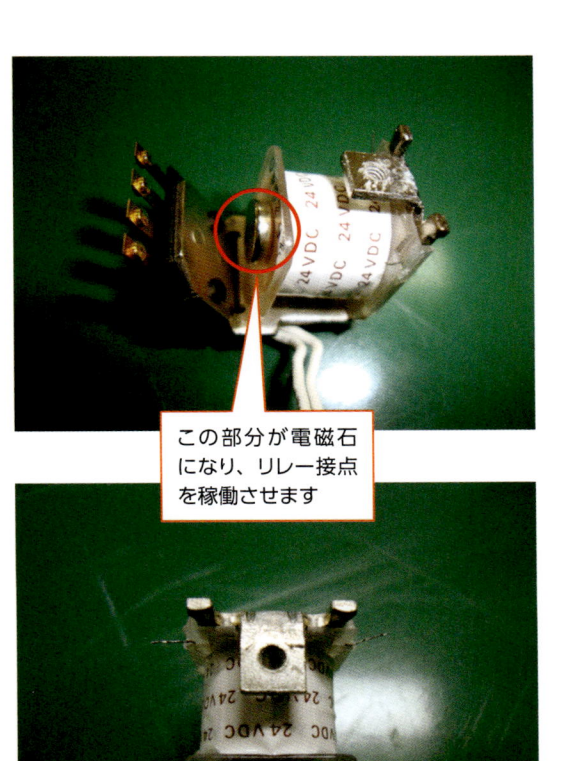

この部分が電磁石になり、リレー接点を稼働させます

電磁石が使われたリレー

リレーと呼ばれる部品の写真です。作動原理は第5章を参照してください。電気部品のなかには、このリレーのようにソレノイド（電磁石）を利用したものが数多くあります。リレー内部の可動鉄片を電磁石で作動させ、稼働接点を接続させます。小さな電流で可動鉄片を稼働させ、可動接点を通して大きな電流を流すことが可能です。

リレー内部にあるコイル

コイルの表面には、「DC24V」と書かれています。直流（DC）で24Vの電圧をかけるという意味です。電磁石は直流の電流を流して磁界を発生させ、電磁石にしています。コイルには直流用と交流用があり、用途に合わせて選択します。

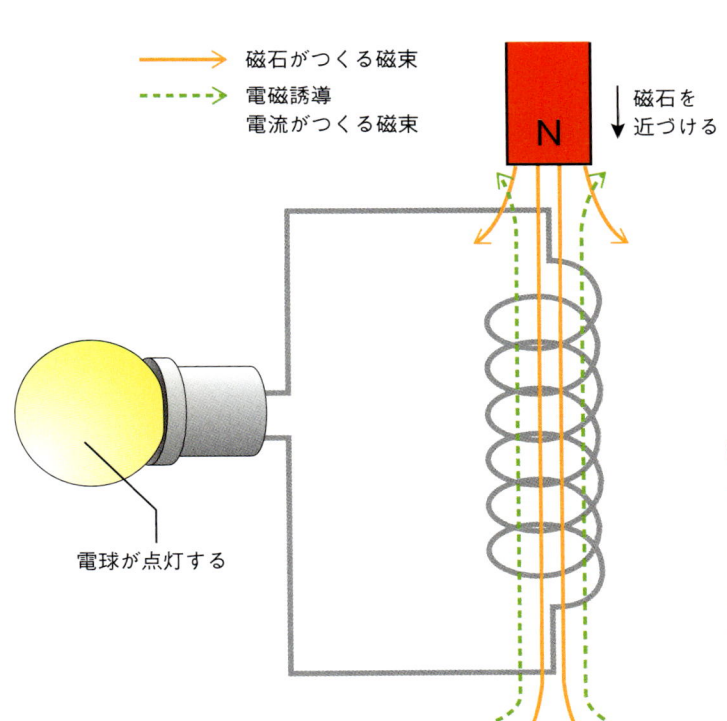

→ 磁石がつくる磁束

┅┅➔ 電磁誘導電流がつくる磁束

N

↓ 磁石を近づける

電球が点灯する

● 現象

コイルに磁石を近づけたり遠ざけたりすることで磁石がつくる磁界を変化させると、コイルに起電流が発生し、電球が点灯します。
磁石を遠く動かすほど大きい起電力が発生します。磁石を速く動かすことは磁界を速く変化させます。

3

第 章

電気配線と
保全作業

電線

　電気を使うためには、電気の通り道となる電線が必要です。電気配線は構造によって、電線、ケーブル、コードに区別されています。電線のなかでも、高圧送電線や電車のパンタグラフに送電する電線はすべて裸電線になっています。逆に、通常使われている電線は絶縁物を電線の周りに被覆しており、接触しても危険がありません。

導体と絶縁体

　電気を導き流す導体には、電気抵抗が低くコストの低い銅が用いられます。導体とは、金属中の自由電子の数が多く、電流をよく通す物質です。銅のほかに、電気抵抗が小さく導体として使用される物質には、白金、金、銀などがあります。一方、電流が流れにくい物質を抵抗体と呼びます。抵抗体にはニクロム線などがあります。抵抗体は電流が流れにくく発熱する性質があるため、電熱器や電気抵抗器として用いられます。そして、電流がほとんど流れない物質を絶縁体と呼びます。絶縁体にはゴム、ビニール、ガラスなどがあります。絶縁体は感電やショートなどを起こさせないようにし、電気機器を安全に使えるようにしています。

　導体の周りに絶縁体を被覆することでコードやケーブルとして使用できます。直接電流が流れる箇所を絶縁体で保護しているため、人が触れても安全です。電線の被覆をはがしたり、電線同士を接続したりするときには、必ず絶縁テープなどで新たに被覆を作り、漏電、感電やショートを防止します。このとき、必ず半分を重ねながら巻くことで、水などが電線内に浸入するのを防ぎます。

電線に用いられる種類

　電線は、600V以上の使用電圧に耐えられるように作られています。単線とより線の2種類があります。単線は1本の導体を絶縁被覆で覆った電線、より線は径の細い導体を多数より合わせて作られたものです。電気が流れる導体の太さは決められており、より線の場合は導体の断面積〔mm^2〕、単線の場合は導体の直径〔mm〕で表します。通常使用される電線は600Vビニール線（IV線）と呼ばれ、ビニールで絶縁被覆されています。しかし、絶縁被覆は引っ張り・耐傷などの機械的強度がなく外傷に大変弱いため、碍子や電線管を使用して布設する構造になっています。

天井走行クレーン

天井走行クレーンに使用されるケーブルです。クレーン用のケーブルは、ケーブルの屈曲、ねじれが絶えず繰り返されるため、可とう性がよく、屈曲、ねじれなどによる影響を受けないことが求められます。

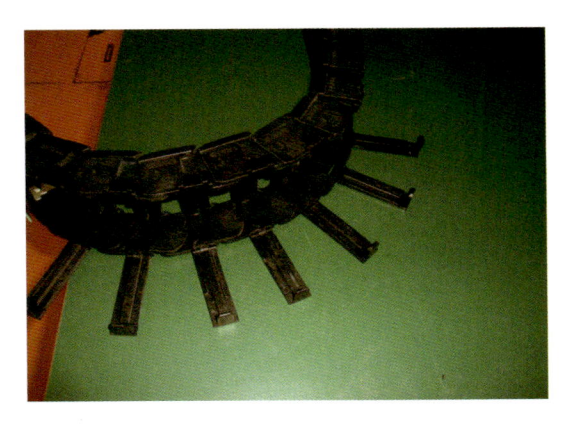

ケーブルベヤ

ケーブルなどを保護しながら、一定の屈曲半径、一定の移動ストロークで動作させるときに用いられます。ケーブルのほかに空気圧ホースや油圧ホースなどを一緒に装てんする場合もあります。ケーブルベヤは硬質プラスチックでできており、衝撃などにも強い構造になっています。

配線を保護しつつ自由な曲げが可能

ケーブルベヤは、配線などが中に入った状態で自由に曲げられます。設備が稼働した状態に応じて配線などを傷めないように追従できます。動力線や信号線などを損傷させないようにする働きがあります。

カプラー内部の細いピンの数だけ
電気信号を伝達する配線である

数値制御の工作機械に用いられるケーブル

主にセンサ、アクチュエータ、制御装置などと接続されます。内部に見える細い線の数だけ、配線があります。そのため、先端部のカプラーを差し込むだけで誤配線なく接続ができます。外被の自在チューブは屈曲、ねじれに優れ、耐衝撃性などの構造になっており、内部の配線を傷や断線などから保護します。

ケーブルとコード

　一般に使用されるケーブルは、布設を前提にしているため、ケーブル内部の導体を絶縁物で覆った構造をしています。絶縁物は、傷などの損傷などに強い材質が使用されており、通常はビニールやポリエチレンなどが用いられます。

ケーブルは電流により600V用と3000V用がある

　ケーブルは、導体に流れる電圧の大きさにより600V用と3000V用の2種類があります。600V用のケーブルの絶縁物にはビニールが使用されています。3000V用には架橋ポリエチレンが主に使われています。また、3000V以上のケーブルには、外部から受ける衝撃や傷などから保護するシース形があります。シース形には、耐摩耗性、耐衝撃性、およびケーブルが曲げられたときに内部に影響を与えないようにする可とう性、紫外線や温度などに対する耐候性などが優れた材料が使われています。ケーブルの機械的性質として、ケーブル自体が引っ張られるような場合でも、ねじれや断線などが発生しない構造になっています。

コードは一般に家庭用の小電流用に用いる

　コードは一般的に300V以下の家庭用小電流用の配線に使用されています。コードは、細い銅線をより合わせ、絶縁物で被覆した構造をしています。絶縁物には主にビニールが使用されています。導体に細いより線を用いることで、可とう性がよくなっています。可とう性がよい反面、細い導体をより合わせているため機械的強度が非常に弱く、ケーブルのように引っ張られる状態では使用できません。また、コードは固定配線のように使用できないため、使用する電気設備や電気機械の使用環境に応じた電線を選択する必要があります。

コードもケーブルも接続は確実に行う

　コード接続部分の接触抵抗が増加しないように確実に接続します。圧着端子などでコードの端を電気機器などの端子に接続するときは、接続用ねじを規定トルクで締めつけることが必要です。規定トルク以下で締めつけられた場合、ねじが緩んだときに電気機器などの端子からアークが発生したり、接続不良になったりする可能性があります。

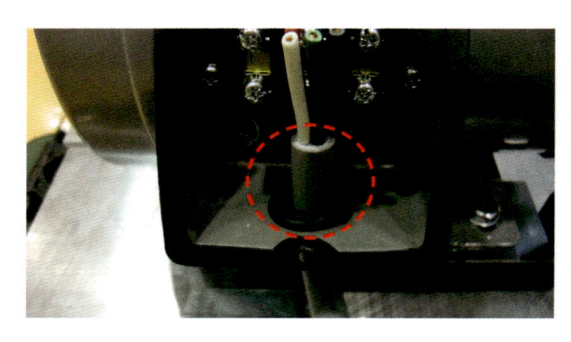
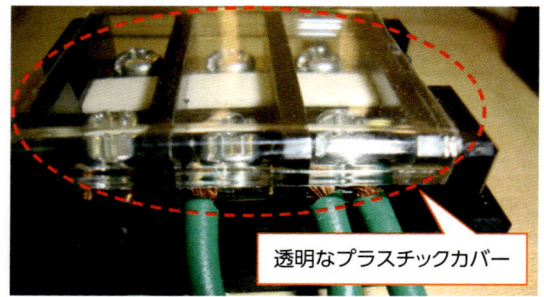

透明なプラスチックカバー

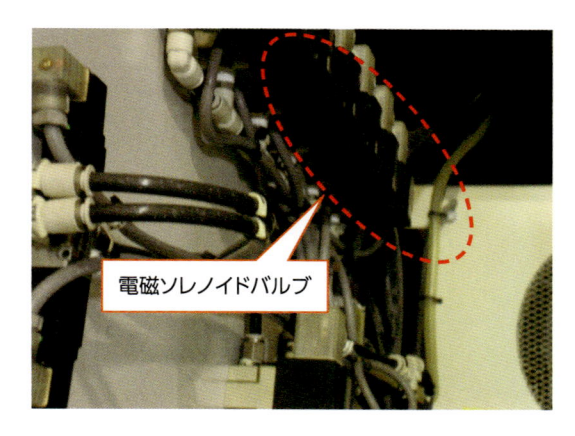

電磁ソレノイドバルブ

電磁ソレノイドバルブ

電磁ソレノイドバルブを作動させる電流の種類として交流用と直流用があり、低圧用から高圧用まで揃っています。電磁ソレノイドバルブを開閉する際、コイルに流れる電流のオン・オフを繰り返します。このとき、定格電圧の何十倍ものサージ電圧が発生する場合があります。対策としてサージ電圧を吸収する装置を付ける必要があります。

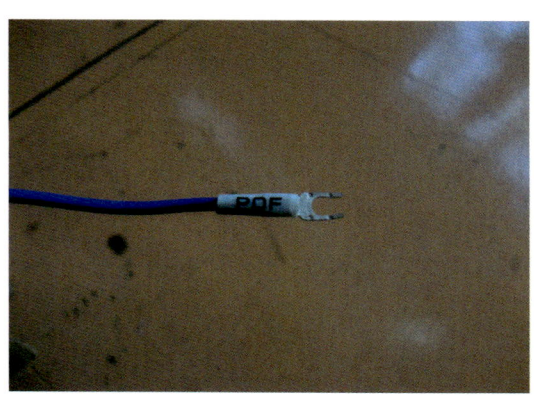

制御装置のコード

コードは絶縁被覆と導体だけになっているため、絶縁被覆の傷や劣化には注意が必要です。導体の芯線を保護しているのが絶縁被覆だけであり、圧縮、衝撃に非常に弱くなっています。ケーブルと同様、コードにも流せる電流の許容値があるため、電流の許容値を考慮して、コードを選択する必要があります。

一般の延長コードは、くぎ固定などで壁に固定してはいけません

家庭用100Vで使用されている延長コード

延長コードは壁などに固定する構造になっていないため、くぎなどで壁に固定した場合、内部の導体と絶縁被覆に傷をつけるおそれがあります。固定して使用する場合は、専用のケーブルを用いましょう。また、コードにも流せる電流の許容値があり、許容値を超えて使用すると、発熱による火災事故につながる恐れがあります。

ケーブルの内部

写真は、よく工場内で使用されている三相交流用ビニルキャブタイヤケーブルです。外被の絶縁被覆と内部の電線被覆をはがすと電線の芯線が現れます。この電線は同一ケーブル内で、アース線と電流が流れている線とが一体になっています。

電線の取扱い

　電線内部の導体部分は、細い線を多数より合わせたもので作られています。特にコードは、比較的細い素線が使われているため、小さな半径で曲げることができます。しかし、通常の電線ケーブルは素線が太く絶縁被覆も厚いため、ケーブル全体を曲げることは非常に困難です。コードとケーブルの用途に応じた構造になっています。ケーブルは一度布設されると長期間使用されることから、布設するときには細心の注意をはらい、傷をつけないようにする必要があります。

コードとケーブル

　コードに用いられる導体は、素線径の細い電線がより線の状態で使用されています。導体がより線のため可とう性がよく、コードをねじっても曲げてもよい構造になっています。その反面、引っ張りや衝撃などには非常に弱く、固定配線には使用できない電線になっています。

　コードはビニールなどが外被として施されています。ケーブルを取り扱うとき、ケーブルの被覆や絶縁物に傷がつくと、傷がついたところから絶縁が劣化し、短絡事故を起こす恐れがあります。ケーブルの絶縁物の取り扱いには注意が必要です。

　ケーブルの一番外側にはシースと呼ばれる外被が施されています。シースの特徴は、耐摩耗性、耐衝撃性、紫外線などで劣化しない耐候性、ケーブル自体を曲がりやすくするための可とう性などが優れています。また、ケーブルを布設する場合には、絶縁物に傷がつかないように周囲の石や木片などを取り除いて布設します。ケーブルの絶縁物に水などが浸入した場合、絶縁劣化を起こす場合があります。水の影響を受ける可能性がある場所に布設する際には、防水処理を行う必要があります。常時水に浸漬する環境下では、ケーブルに耐水性の性能を持ったシースを施し、完全防水処理をしたケーブルを使用します。水以外にも、薬品や油脂類の影響を受けて絶縁物が劣化する場合もあります。その場合、耐薬品や耐油脂類に優れたポリエチレンなどをシースとして一番外側に被覆したケーブルを使用します。

ねじれにも曲げにも強いキャブタイヤケーブル

　天井走行クレーンや移動設備などでは、通常のケーブルより強い外被を施したキャブタイヤケーブルが用いられます。キャブタイヤケーブルはクレーンやケーブルベヤに入れられて移動用機械に用いられています。通常のケーブルは曲げられた場合、内側では圧縮され、外側は引っ張られて伸びてしまいます。ねじれや曲げが繰り返されることにより、導体自体の断線や絶縁不良が発生します。キャブタイヤケーブルはねじられても、導体には影響を与えない構造になっています。

被覆を剥ぐ作業

電線の被覆を剥ぐときには、内部の電線には絶対に傷をつけないように注意しながら取り除きます。熟練の作業者は電工ナイフを使って被覆を取り除きますが、慣れていないと内部の電線に傷をつけてしまいます。写真は、傷を付けずに外部被覆を取り除けるナイフです。

先端が刃になっている。この刃が90°回転します

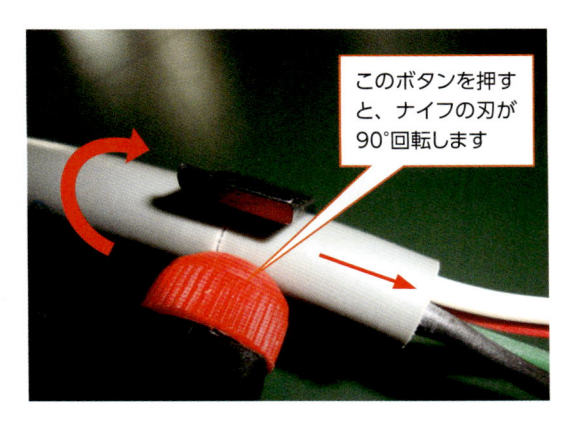

ナイフの使用方法

まず、ナイフを電線に挟んで1回転させます。その後、ナイフのボタンを押すと、ナイフの刃が90°回転します。刃が90°回転した状態でナイフを矢印方向に引っ張ると、うまく剥がせます。ナイフを1回転させることで、被覆に円周状の切り込みを入れ、被覆を剥がしやすくしているのです。

このボタンを押すと、ナイフの刃が90°回転します

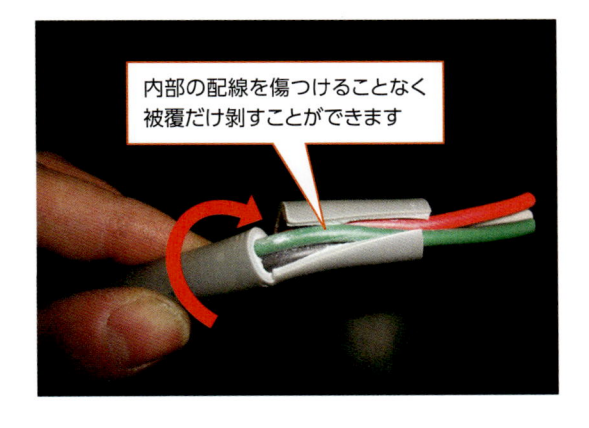

きれいに剥がれた被覆

写真は、ナイフを使って被覆だけをうまく剥がすことができたときの写真です。電線の被覆を剥がす際は、内部にある電線の被覆に傷などをつけないように電線を取り扱うことが必要です。もし、電線の被覆に傷をつけ、電線の芯線が見える状態で接続を行ってしまうと、電線の破損につながる可能性があります。

内部の配線を傷つけることなく被覆だけ剥すことができます

工作機械用のケーブル

写真は、工作機械に使用されているケーブルです。工作機械が上下、左右に動いても、ケーブルは常に追従するように取り付けられています。また、工作機械用のケーブルは、油や水などがかかる場合があります。油や水がかかっても劣化や漏電が起こらないような材質が用いられています。

電線の接続

　電線同士を接続する場合には、以下のことを考慮して行います。①電線の強度を20％以上低下させない、②接続箇所は、絶縁電線と同等以上の絶縁効果があるように、専用テープなどをテープ幅の半分が重なるように巻く、③接続した電線の電気抵抗を増加させない、④コネクタなどを用いて確実に恒久的な処置を行い、コネクタ内に水分やほこりなどが入らないようにする、⑤端子台を使用する場合には、1箇所からは2本以上の配線を接続しない、⑥圧着端子で接続した配線は裏面同士を重ねて接続する、⑦端子台に圧着端子を接続した配線は必ず規定トルクで締め付ける。

電線接続の注意点

①電線の強度を20％以上低下させないのは、電線を接続した部分の引張強度が低下した場合、接続部分から電線が外れる可能性があるためです。電線同士を接続する場合には、電線が引っ張られる可能性があることを想定して接続する必要があります。

②電線の被覆を剥いで電線同士接続した場合、電線の被覆と同等の絶縁被膜を作る必要があります。主に専用の絶縁テープなどで巻きます。

③電線同士を接続した場合、接続の仕方によっては接触抵抗を発生させる場合があります。接触抵抗は発熱につながり、発熱により電線の損傷を起こす可能性があります。

④コネクタなどを用いることにより、配線などの脱着や電線の誤接続を防止できます。

⑤端子台を使用する場合、端子台の1配線接続部分から2本以上の配線を接続してはいけません。もし2本以上の配線が必要な場合には、1配線接続部分から分岐させて接続をします。端子台の1端子接続部分から2本以上の配線をした場合、圧着端子の接続不良などを起こすおそれがあります。また、配線に流れる電流の容量を超える可能性があります。

⑥圧着端子で接続した配線は、圧着端子を裏面同士で重ねて接続します。圧着端子は裏面同士を合わせることで、端子台に密着させます。

⑦端子台に接続した圧着端子は、必ず規定トルクで締めつけます。規定トルク以下で締めつけた場合、配線などが引っ張られたときにボルトが緩み、端子台と圧着端子の間に隙間が発生します。端子台と圧着端子の接触箇所からスパークが発生する可能性があり、接触部分で絶縁不良を起こす可能性もあります。

　電線を接続する場合には、これらを考慮して接続することが必要です。

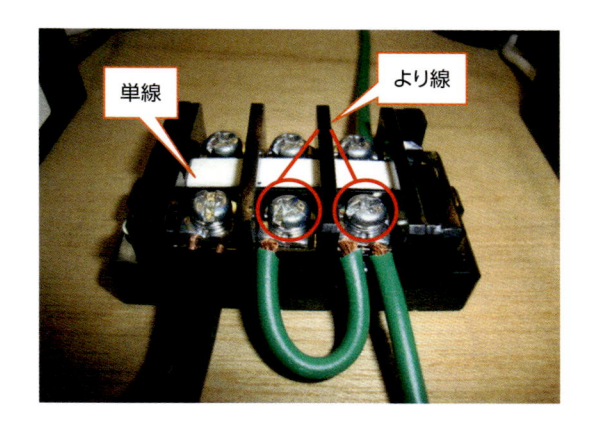

単線　より線

電線を接続する場合、端子台を用いて接続

より線を組み付けるときは、必ず圧着端子を使用します。圧着端子を利用しないでより線を直接端子台に接続したい場合は、より線の先端をねじり、端子台からより線の芯線が出ないように注意して接続します。電線を接続する場合は、2本以上の接続は避け、3本の電線を接続する場合には、分岐させてから接続します。

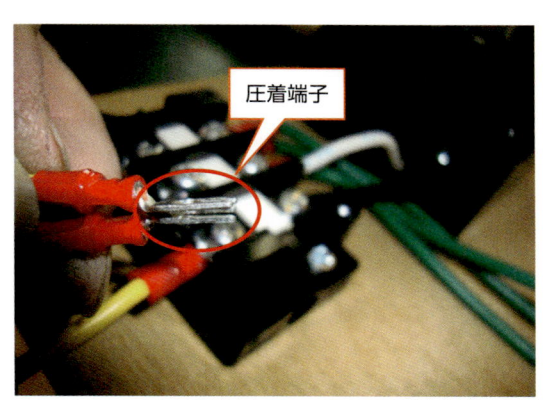

圧着端子

圧着端子の接続

2つの圧着端子を接続する場合には、必ず裏面を重ね合わせて接続します。圧着端子は規定トルクで締めつけを行います。締め付けトルクが不足していた場合、端子台と圧着端子の間で接触不良を起こし、導通不良の原因になります。

丸型コネクタ（カップリングタイプ）の配線接続

複数本の電線を一度に接続できます。丸型コネクタ（カップリングタイプ）はオス型とメス型を接続します。配線の接続ミスなどを無くし、接続作業が短時間で終わります。主に制御装置を利用した工作機械や自動機などに用いられています。

丸型コネクタ（カップリングタイプ）の内部

コネクタに接続する配線を組み立てる場合、必ず配線にどこの配線かを明記してから組み立てます。丸型コネクタ（カップリングタイプ）の配線を点検するときには、接続された配線1本ずつ点検を行います。

圧着端子と圧着スリーブ

　電線は、圧着スリーブや圧着端子などを電線に挿入し、圧着工具で押しつけて接続します。電線のより線同士をねじって接続する場合と、圧着端子や圧着スリーブを使用して接続する場合があります。ねじって接続する場合、接触する箇所に接触抵抗が発生する可能性があるため、確実に接続することが必要です。電線が確実に接続されていないと素線の接触部で熱が発生する可能性が大きくなります。また、電線が引っ張られたり電線自体が動いたりする可能性がある場合、電線の強度が低下し、強く引っ張られたときに切り離されるおそれがあります。

電線の圧着端子による接続

　圧着端子や圧着スリーブを使用して電線を接続する場合、圧着工具を使って強力な力で金属同士を押しつぶすことで、圧着端子と電線の素線を融着します。金属を融着させると1つの金属塊状になり、電線の素線同士が接触するところで発生する接触抵抗がなくなります。圧着端子や圧着スリーブを使用して電線を接続する方法は、熟練していなくても確実な接続が可能であり、作業者によるバラツキも少ない安全・効率的な作業です。また、圧着端子や圧着スリーブは、電流を流すときの導電率、接続した電線の引っ張り、接続箇所の強度や耐腐食性でも優れています。

圧着端子を接続する場合の注意事項

　電線の被覆を剥ぐときには、電線の素線などを切ったり、傷をつけたりしないように注意します。専用工具のワイヤストリッパを使うと簡単に剥がせます。

　圧着端子は丸型とY型があり、用途によって使い分けされます。丸型は、完全にねじを外さなければ端子台から外すことはできませんが、Y型はねじを緩めるだけで端子台から取り外せます。しかし、Y型は設置箇所を強く引っ張られると端子台から外れる可能性があります。

　圧着端子と圧着スリーブは、電線サイズに適合したものを選択します。電線サイズに合わないものを取りつけると、電線が引っ張られたときに抜けてしまう事故を招きます。また、圧着工具で圧着端子をつぶす場合、つぶす方向が重要です。必ずつぶす方向を確認してから、圧着工具に圧着端子を装着します。

　圧着工具はラチェット式になっており、規定の押しつけ圧力になるまでラチェットが解除されない構造になっています。規定圧力がかかるように精密に作られていますので、取り扱いには十分注意し、各部可動部のゆるみなどの点検と給油を行い、さびや傷をつけないよう慎重に取り扱うことが必要です。

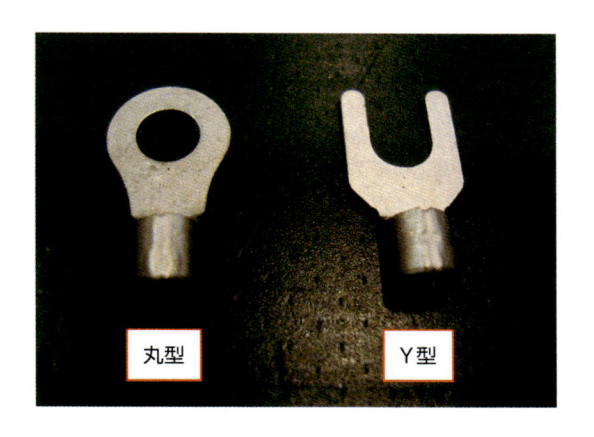

丸型　　Y型

圧着端子の丸型とY型

基本的な使用方法は両方とも同じです。丸型では、圧着端子を固定するねじが緩んだ場合でも電線が外れることなく、ショートを防止できます。電線自体に力が加わる可能性がある場合には、丸型を使用します。ただし、圧着端子を固定しているねじなどを完全に外さないと交換できません。Y型は、ねじを少しゆるめるだけで交換可能です。

圧着端子取りつけ前の被覆剥がし作業

電線に圧着端子を付ける場合、まず被覆を取り除くことが必要です。被覆は専用工具で取り除きます。被覆はすべて取り除かず、電線についた状態で少し被覆を残します。被覆を指で回しながらねじると、電線を簡単によることができ、よってから被覆を取り除きます。

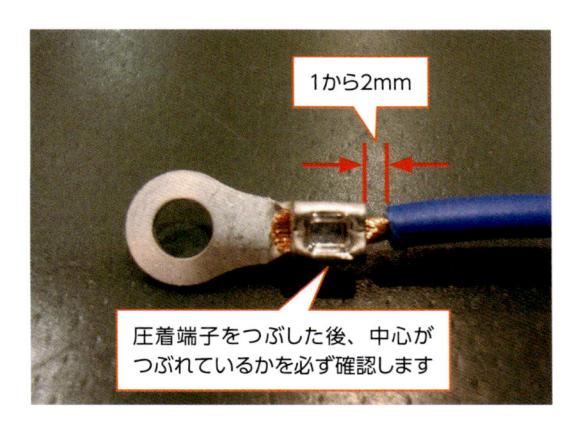

1から2mm

圧着端子をつぶした後、中心が
つぶれているかを必ず確認します

圧着端子をつぶす方向

圧着端子をつぶす際、正しい向きがあります。必ず端子の丸い部分をつぶします。また、より線が1本でも圧着端子の外に出ていたり、切れていたりする場合は作業をやり直します。より線を行った電線の被覆が圧着端子に接触しないように、1mmから2mm程度、被覆が圧着端子から離れている必要があります。

圧着端子をつぶす方向

圧着端子の設置

圧着端子の中心をくわえるようにセットします。このとき、圧着端子の向きを間違えないように注意しましょう。規定の圧力で圧着端子を押しつけてつぶし、配線の撚線と圧着端子を一つの金属の塊にして接触抵抗を下げています。

絶縁テープ

　電線の被覆を剥がして電線同士を接続する場合や、電線に圧着端子をつけた箇所などで電線の芯線が見える場合には、絶縁テープなどで電線の芯線を絶縁する必要があります。絶縁する目的は、電流が流れている電線がショートしたり、導体に水などが浸入することによって腐食などを起こし導通不良になったりすることを防止するためです。

絶縁テープに要求される機能

　電線に使用する絶縁テープに求められる機能として、①電気を通さない絶縁体であること、②熱などにより、粘着力が低下して剥がれがないこと、③紫外線などによる経年劣化がないこと、④酸やアルカリによる耐薬品性があることなどが必要です。絶縁テープを電線に巻いて電線の処理を行うときには、電線がどのように使われているか、どのような使用環境下にあるかを確認してから絶縁テープを選択します。

　絶縁テープを電線に巻くときは、電線の絶縁被覆と同程度の厚さまで巻くことが必要です。必ずテープ幅の半分が重なるように巻きます。電線の種類に応じて、電気用テープ、ブラックテープ、ビニールテープなどを選択します。

絶縁テープの使い方

　電気用テープはゴムと灰分を主成分にした絶縁テープです。テープは粘着性が少ないですが、引っ張りながら巻いてゆきます。通常ブラックテープと一緒に使用します。ブラックテープは、乾燥した木綿の両面に粘着性のあるゴム混合物をしみこませて絶縁テープにしたものです。絶縁電線の場合、同じく絶縁電線材料を使ったテープを用いて、絶縁電線と同じ絶縁効力を得られるようにします。ゴム絶縁電線の場合には、最初にゴムテープを巻き、その後ブラックテープを巻いて絶縁被覆を作ります。電気工事に用いられるビニールテープは、塩化ビニール樹脂のテープに粘着剤を塗り、ビニール電線やビニールケーブルの接続部を絶縁するために用います。テープの色が数多くあり、色分けしておくと便利です。しかし、ビニールテープの粘着剤は高温になると溶け出すため、剥がれる可能性があります。

熱収縮チューブと使い方

　その他の絶縁テープとして熱収縮チューブがあります。熱収縮チューブは、熱を加えると収縮し、収縮する力で電線を固定します。収縮チューブの太さは、電線の太さに合わせて数種類あります。収縮チューブの使い方は、主に電線同士の接続時の絶縁に用いられています。また、収縮チューブに電線を入れて熱を加え、複数本の電線を1本にまとめて一体化したユニットとするときにも用いられます。

絶縁自己融着テープ

少し引っ張りながら電線に巻いていきます。強く引っ張りすぎるとテープの厚さが薄くなってしまうため、均一な厚さを意識します。テープは幅半分が重なるように巻きます。重なりあっていない状態では、外部から水などが浸入し電線の芯線を腐食させてしまうおそれがあります。こうしたトラブルを起こさないことが大切です。

引っ張りながらよく密着するように巻いていきます

テープは半分重ねて巻く

テープを引っ張りながら、よく密着するように巻いていきます。テープの1/2が重なるように巻いていきます。また、巻き終わりの末端には気泡が入らないように注意しましょう。気泡が入ると、その部分からテープがはがれる恐れがあります。

熱収縮チューブ

熱収縮チューブ

熱収縮チューブはプラスチック製のチューブです。チューブの材質は、フッ素系ポリマー、シリコンラバー、塩化ビニル系などがあります。使用箇所に応じて材質も選択する必要があります。電化製品から自動車、航空機用のハーネス、医療関係の製品まで様々な箇所に使われています。

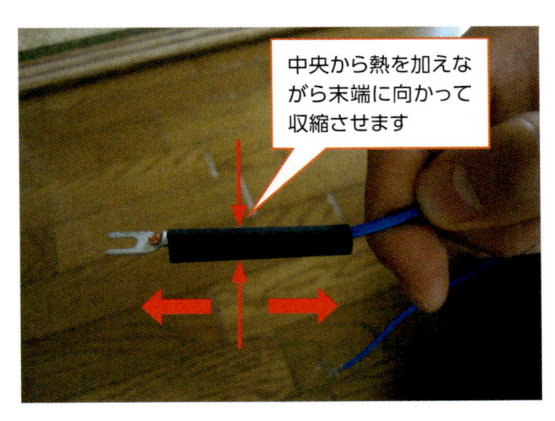

中央から熱を加えながら末端に向かって収縮させます

熱収縮チューブの仕組み

熱収縮チューブは130℃前後の熱を加えると収縮し、収縮する力で電線などを固定します。収縮チューブの太さは、電線の太さに合わせて数種類あります。収縮チューブは、主に電線同士の接続などの絶縁に用いられます。収縮させる際は、中央から末端にかけて熱を伝えていきます。

電線の電気容量

　電気設備や電気機器に使用されている電線には、電線に流れる許容電流があります。また、電気設備や電気機器の負荷により電線の太さや電線の被覆が区別されています。特に電線の外側に巻かれている被覆の絶縁物の材質に大きく左右されます。

電線には電流の許容値がある

　電線は、電流が流れると必ず温度が上昇します。温度の上昇量は、電線の断面積や長さ、材質により異なります。電線の断面積が小さくなればなるほど抵抗が増加します。抵抗が増加するほど温度も上昇します。また、電線の長さに比例して抵抗の値も増加します。電気設備や電気機器に使用されている電線は、温度が上昇したときに電線の被覆が熱による劣化に耐えるだけの材質が必要です。

　電気設備や電気機器に使用されている電線やケーブルは、絶縁被覆に対して耐熱の許容値があります。また、発熱により絶縁被覆が劣化しない範囲で電流が制限されています。電線に流れる電流の限界を「電流の許容値」と呼び、電流の許容値は電線の絶縁被覆材料によって決められています。また、電流の許容値は、電線を布設する環境による影響も考慮されます。特に電線管に電線を入れる場合には、発熱量を考慮して電線の絶縁被覆材質を選択する必要があります。通常、ゴム、ビニール、ポリエチレンなどさまざまな絶縁材料が使用されています。

　電線が発熱する要因として、電線に用いられる材料や電線の許容値の選択ミスのほか、電線を接続する箇所の処置により発熱する可能性があります。特に電線の被覆を剥がし、電線の芯線同士を接続した場合には、完全に接続することが必要です。電線の芯線をよって接続しただけでは、電流が流れたときに接続部分に接触抵抗が発生します。接触抵抗の影響により電線が発熱するおそれがあります。

電線同士の接続

　電線同士を接続する場合には、圧着端子や圧着スリーブで接続します。圧着端子の金属と電線の金属を強力な圧力で押しつぶすことで、圧着端子と電線を融着させ、電線と圧着端子を一つの金属の塊状にしてしまいます。一つの金属の塊にすることで電線と圧着端子の接触抵抗を少なくできます。電気設備や電気機器に使用する電線には、電線に流れる電流の許容値を決めるほか、電線を接続する方法や接続した箇所の絶縁被覆と同程度の絶縁体を巻く必要があります。絶縁体には通常、絶縁テープまたは熱収縮テープなどを使います。

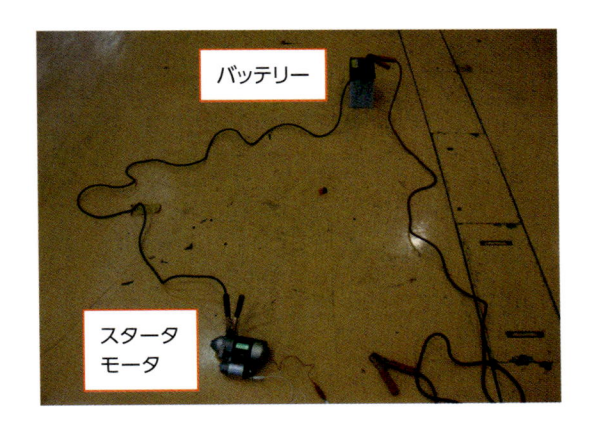

バッテリー

スタータ
モータ

ケーブルの発熱に関する実験

自動車のスタータモータを細い電線で接続し、スタータモータを作動させると電線はどうなるでしょうか。電線に定められた電流の許容値を超えてしまうと、電線が燃えることがあります。流れる電流の大きさによって、電線の太さを選択する必要があります。設置されている電線は、電流の大きさによって太さが決められています。

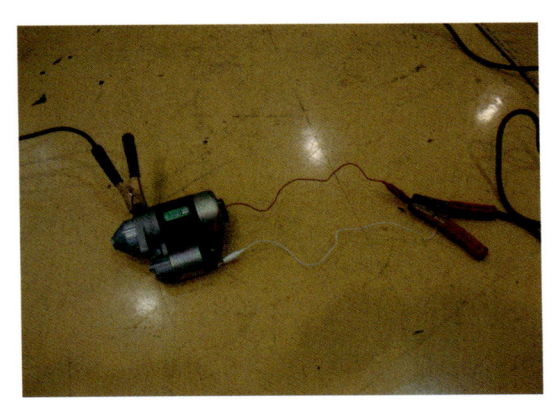

接続部の確認

自動車用スタータモータをバッテリーに直接つないで回転させます。バッテリーは直流12Vを利用し、スタータモータを回転させるが、マイナス側の電線は大きな電流が流れても問題がない電線をつなげています。プラス側の電線には流れる電流に対して許容値が低い電線をつないでいます。

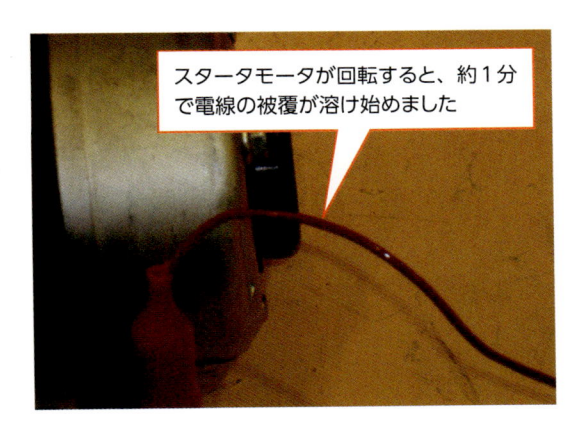

スタータモータが回転すると、約1分で電線の被覆が溶け始めました

回転開始後

スタータモータを回転させていると、1分後、細い配線から煙があがり、配線の被覆が溶け始めました。配線の許容値を超えて電流を流すと熱に変わります。また、電線の断面積が小さいと抵抗が大きくなります。抵抗が大きいと電線が発熱します。電線を選択するときには、電線の許容値をよく確認することが必要です。

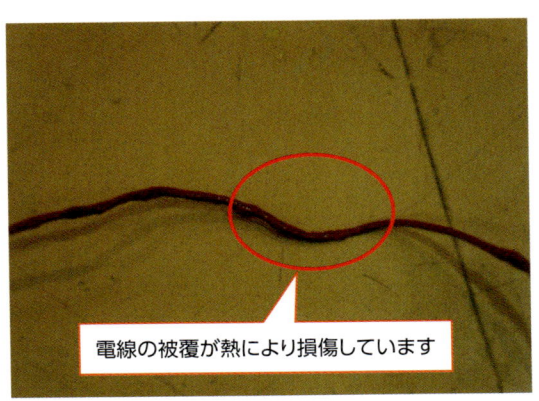

電線の被覆が熱により損傷しています

電線選択の重要性

電線の選択を間違えると、この実験のように、電線の被覆が発熱により損傷してしまいます。電流の大きさに対して必要な太さの電線を選択する必要があります。極端に断面積の小さい電線に大きな電流を流すと、発熱による被覆の損傷だけでなく火災事故にもつながります。

電気配線の損傷事例

電線の断面を見てショートの状況を予測

　ショートしている箇所があった場合、電線の素線の1本1本をよく確認します。素線先端の断面が平らであれば、断線箇所の切断を行い再度接続します。しかし、断面が球根のように丸くなっている場合は、電線の被覆や周囲の熱による影響がないか確認します。切断された素線の間でアークが発生し、導体の金属が溶解すると、金属が水滴のように丸くなります。すなわち、素線先端が丸くなっているのは、素線が溶解する温度まで上昇していた証拠になります。電線の接続部や電線自体が動く場合には、少しずつ素線が切断されます。切断箇所でアークが発生し、火災事故につながる場合もあります。電線の素線先端部をよく確認しましょう。

熱シールの製袋の密封がうまくいかない電熱ヒータ

　ある会社で発生した電線損傷の事例です。この会社では、熱シールを電熱ヒータで温めて袋を密封する装置を使っていましたが、うまく密封されない不具合がときどき発生しました。電流が流れているので断線してはいないようですが、電熱ヒータが規定の温度まで上昇しないことがありました。

　電熱ヒータに通じる電線を目視するのとあわせて、電線を曲げて硬さを調べました。すると、1本の電線が非常に柔らかく、すぐに曲がってしまいました。耐熱カバーを外すと、数十本ある電線の素線がほとんど切れていて、わずか3本ほどしかつながっていませんでした。そして、素線の先端が丸く球根のようになっていました。

接続不良で火災を起こした自動車の修理

　車両火災を起こした車両では、車両用の電線の不備で火災になったケースがありました。修理工場で設置したラジオが原因で火災になった様子でした。焼けた電線は、被覆を取り除いた素線をねじったあとテープで巻いた状態でした。テープをはがし、電線の素線を確認すると、素線先端の端面が丸くなっていました。

　車両の電線は、マイナス側が車体、プラス側はバッテリーのプラス端子からヒューズを経由して取り回されています。そのため、車両で電線作業を行うときには、必ず車体全体がマイナスになっていることを理解しておく必要があります。車内の電線には、特別な電線を除き、すべてバッテリーからのプラスの電流が流れています。電線の接続不備で車体に触れた場合や、電線同士を不完全に接続した場合、事故につながるおそれがあります。必ず専用の端子を使い接続する必要があります。

ケーブルの被覆が劣化
して割れていました

被覆の劣化

配線の被覆がプラスチックのように硬くなり、割れて内部の電線が見えていました。設備の潤滑剤などが配線に付着すると、配線の被覆が劣化します。生産設備の環境に応じて使用する配線などの材質を考慮する必要があります。配線の劣化を防ぐために、環境に応じて被覆の材質や保護するカバーなどを変えて使用する必要があります。

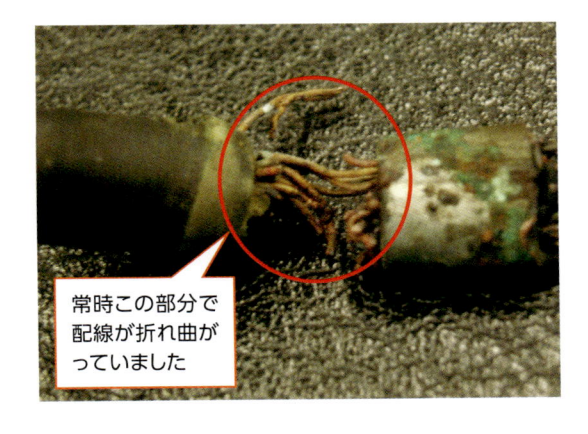

素線の端面が球根のように丸くなっています

ショートが起こった電線

電熱ヒータの発熱によって密封シールをする装置で、温度不足によるシール不良が起こりました。電線が切断されたことでショートを起こし、発熱によって損傷してしまったのでした。損傷を起こした電線を点検するときは、切れた素線の端面をよく確認します。端面が丸くなっているのは、ショートを起こし熱で素線が溶解した跡です。

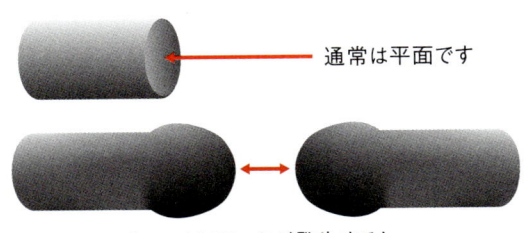

常時この部分で
配線が折れ曲が
っていました

折り曲げによる損傷

設備の扉の開閉にあわせて折り曲げられていたことによって、配線が損傷した部分です。圧着端子付近が1日に何千回と折り曲げられ、配線が損傷してしまいました。配線の素線は銅線のため、同じ箇所で折り曲げられると、銅線が加工硬化を起こし折損しやすくなってしまいます。

通常は平面です

ショートしアークが発生すると、
断面が丸くなります

発熱によるアーク発生現象

素線の切断面は通常は平面ですが、切断された素線の端面間でアークが発生すると、銅で作られた素線が融解し、端面が丸く変化します。特に、長期間使用されている箇所や新しく電線を接続した箇所、電線自体が動く箇所は注意して確認する必要があります。この箇所を放置していると、火災につながるおそれがあります。

第 4 章

電気計測機器と保全作業

電圧計

電圧計は、電気回路上の2点間または電源の2端子間の電位差を測定する計器です。電圧計は測定する電気回路に対して並列に連結し測定します。電圧計を連結すると、電圧計に少量の電流が流れるため、電気回路に流れる電流が変化します。すると、2点間の電位差は電圧計を連結する前と違った測定値になってしまいます。この誤差を最小限にするため、電圧計は内部抵抗の大きなものを使用しています。

電圧計は使用用途に応じて、定格出力と電圧計の動作原理に適したものを選択する必要があります。電圧計で測定する電圧には、交流電圧と直流電圧があります。直流電圧を測定する可動コイル型や交流電圧を測定する可動鉄片型などがあるほか、交流・直流の両方を測定できる電流力計型もあります。

電圧測定の手順

電圧計で電圧を測定する場合には、まず測定する電圧が直流か交流かを把握し、電圧計の種類を選択します。電圧計には直流用、交流用の記号が付いていますので、記号をよく確認してから測定することが必要です。また、測定する電圧に近い定格の電圧計を使用することが必要です。

実際の測定では、電圧計を指定された方法で水平に置き、指針のゼロ調整を行ってから測定します。電圧計を電気回路に接続したときには、直流回路の場合は、電圧計のプラス端子にプラス極が、マイナス端子にはマイナス極が接続されていることを確認します。測定している電圧計の指針が逆に振れた場合、極性を逆に切り替えて測定を行います。交流回路では極性は無関係になりますので、測定する回路の極性は考慮せず測定を行います。

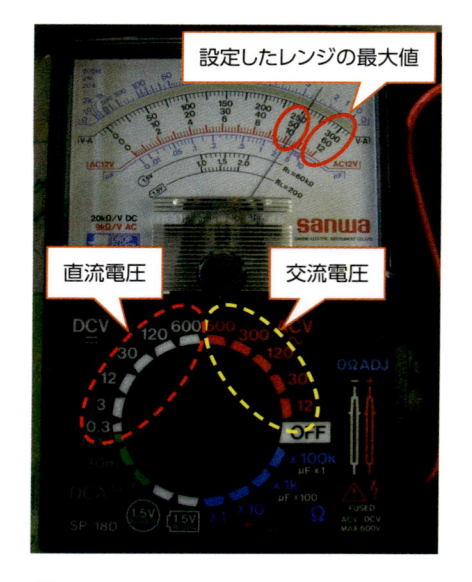

設定したレンジの最大値

直流電圧　交流電圧

テスタで電圧を測定する場合、直流電圧（DCV）と交流電圧（ACV）のレンジに切り替えて測定します。交流・直流にかかわらず測定する電圧が不明な場合、高い電圧のレンジから低い電圧レンジで切り替えて行います。また、レンジを切り替えるときは、かならず測定物からテストリード棒を外してから切り替えます。指針の振れが少ないときは、目盛板の3分の2ほど振れるレンジに変更します。

指針の読み方は、ACV120で合わせている場合、設定したレンジの最大値を確認します。最大値が12・60・300と表示されているなかで、12の目盛りを確認します。この写真では指針が10.2を指し示していますので、交流電圧はその10倍にあたる102Vになります。

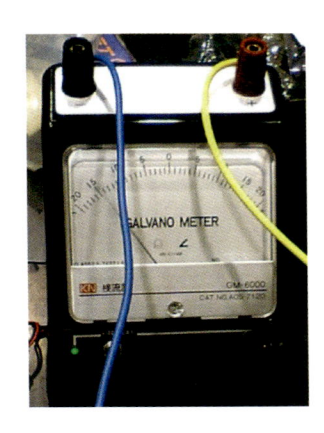

検流計（ガルバノメータ）と電圧計

検流計（ガルバノメータ）は、電流が通っているかを調べる装置です。検流計の目盛は中心のゼロを基準に左方向、右方向に指針が振れるようになっており、極性を判断できます。電圧計は、回路の2点間または電源の2端子間の電位差の測定を行います。電圧計自体にも微量の電流が流れるため、大きな内部抵抗がつけられています。

電圧計で電圧を測定する場合

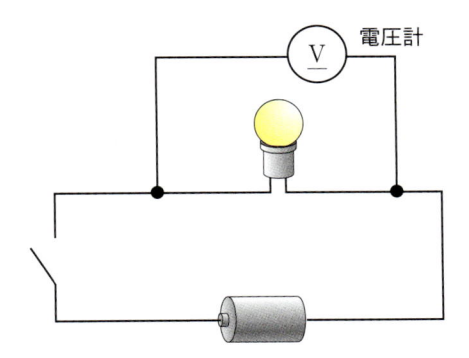

電圧計を電気回路に接続するときには、直流回路の場合、電圧計のプラス端子は回路のプラス極に、マイナス端子はマイナス極に接続されていることを確認します。交流回路では電圧計の端子の極性は無関係なので、考慮する必要はありません。電圧計は電気回路に対して並列に接続します。

電流計で電流を測定する場合

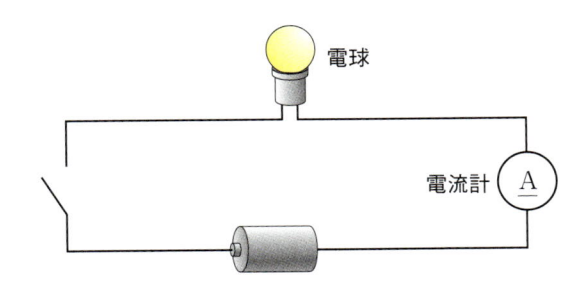

直流用電流計を用いて測定する場合、導線接続用端子にはプラス・マイナスの記号がついています。電位の高いほうにプラス端子、電位の低いほうにマイナス端子を接続し、直流電流を測定します。電流を測定する場合、測定する抵抗や負荷に対して直流に接続します。

テストリード棒の正しい持ち方

テスタのテストリード棒を持つときは、なるべく片手で、お箸を持つようにして被測定物に接触させます。両手でテストリード棒を持って被測定物に接触させると、誤って短絡（ショート）させる恐れがあります。片手で作業すると短絡（ショート）を防ぐことができます。

テスタ

　テスタは、直流電圧、交流電圧、直流電流、交流電流、抵抗などの測定機能をもった測定器です。電気回路のサーキットテスタ（回路計）とも呼ばれています。

　テスタには、デジタル式とアナログ式があります。アナログ式テスタは、電圧・電流・抵抗測定のほかにダイオードなどの良否点検測定などが付加されているものもあります。アナログ式テスタの測定方法は、電圧計、電流計の測定方法と同様、測定する電圧・電流の定格出力をあらかじめ把握したうえで、電圧・電流のレンジを決めて測定する必要があります。測定値は、指針が指示している位置の値を読み取ります。

アナログテスタの使用上の注意

　まず、テスタを使用しない場合は、必ず測定レンジを「切」にしておきます。「入」の状態にしておくと、テスタに内蔵されている乾電池の消耗を早めてしまいます。電圧・電流・抵抗などを測定する場合には、適切な測定レンジを選択してから測定を行います。

　抵抗を測定する場合には、必ず両方のテスト棒を接触させ、ゼロ調整をしてから測定します。電流・電圧を測定する場合、おおよその値が不明のときは測定レンジの大きいほうから小さいほうへ測定レンジを下げて、適切な測定レンジを選択します。

デジタル式テスタの使用上の注意

　デジタル式テスタは、測定する電流・電圧・抵抗などのアナログ量をデジタル量に変換する機能を備えています。測定結果はデジタルで表示されます。アナログ式テスタと違い、交流・直流を選択するだけで測定レンジの大きさが自動的に選択される仕組みになっています。すなわち、自動的に低レンジが選択されます。

　デジタル式テスタは各種の保護回路が組み込まれており、大きな電圧がかかった場合は保護回路が働いて損傷しない構造になっています。測定時には、電流・電圧のレンジを間違えないようにする必要があります。電流測定レンジで電圧を測定するとデジタル式テスタを損傷するおそれがあります。また、測定前に必ず測定レンジが正しいか確認します。オートレンジで自動的に切り替わるため、測定値の単位を読み間違える場合があります。測定する電圧・電流の値が不明な場合は、測定レンジの大きいほうから選択し、測定できることを確認してから低いレンジに切り替えます。測定レンジを切り替えるときは、必ずテスト棒を測定個所から外します。測定個所から取り外さないでレンジを切り替えた場合、テスタを損傷するおそれがあります。

アナログ式テスタでバッテリー
の直流電圧を測定する

直流12Vの自動車用バッテリーの電圧を
アナログ式テスタで測定

アナログ式テスタを用いて測定する場合、測定
する電圧を把握したうえで測定レンジを選択す
る必要があります。選択したレンジを確認しな
がら、テスタが示す指針の位置を読みます。た
とえば、選択したレンジが30Vの場合、テス
タの最大値は30Vとなります。

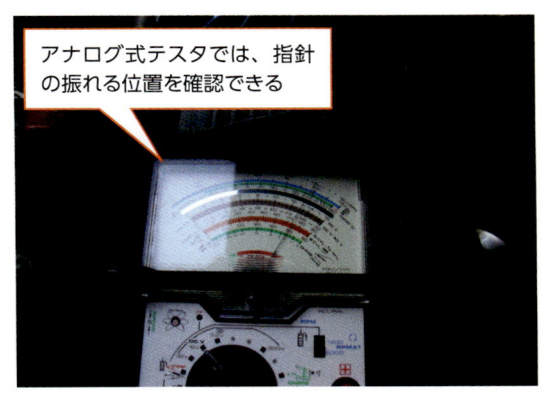

アナログ式テスタでは、指針
の振れる位置を確認できる

テスタの指針の振れ幅でバッテリーの
劣化を確認

自動車用バッテリーは12Vの直流電圧です。
エンジンを始動する前に、バッテリーの電圧を
測定しておきます。エンジンを始動させるとき
に、12Vを示していた値がどれだけ降下する
かを確認することで、バッテリーの劣化度合い
が判断できます。デジタル式テスタでは、これ
を確認することができません。

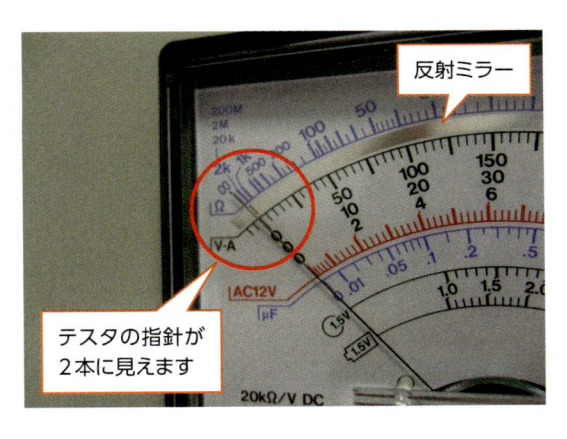

反射ミラー

テスタの指針が
2本に見えます

誤った目盛りの読み取り

アナログ式のテスタでは、目盛りを読み取る場
合、真上から見る必要があります。横からテス
タを確認すると、指針がミラーに反射して2本
に見えてしまいます。この場合は、目盛りを正
しく読み取ることができません。

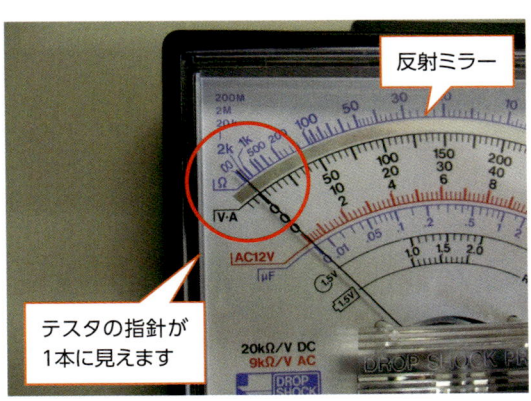

反射ミラー

テスタの指針が
1本に見えます

反射ミラーを活用した正しい目盛りの
読み取り

テスタを真上から見ることで反射ミラーに映っ
た指針とテスタの指針が重なって1本に見えま
す。反射ミラーは、目盛りを真上から見ている
か確認するために利用するものです。必ず1本
に見える位置で目盛りを読み取りましょう。

絶縁抵抗計（メガー）

電気設備や電気機器の電気回路は、地面と絶縁されて使用されています。そのため、電気設備や電気機器の電気回路の間も絶縁して使用する必要があります。電気回路が絶縁されていない状態（漏電）になると、感電や火災が発生する危険性があります。

絶縁抵抗計（メガー）は、電気設備や電気機器の、電気回路の絶縁状態を調べる測定機器です。電気設備や電気機器にかけられた電圧と漏電している電流から絶縁抵抗を測定する構造になっています。絶縁抵抗計（メガー）は、抵抗値をMΩ単位で測定します。テスタでも抵抗測定は可能ですが、測定できる抵抗値は10MΩ程度が最大になるため、それ以上の抵抗は測定できません。そのため、専用の絶縁抵抗計（メガー）を用いて測定します。

メガーを使って絶縁抵抗を測定する

絶縁抵抗計（メガー）を使用して測定を開始する前に、配電盤の電源などを確実に遮断し、測定する電気設備や電気機器の使用電圧に合った定格電圧の絶縁抵抗計（メガー）を使用します。

接続は、まず、アース線の接地側を確実に接地します。次に動力線（線路側）を測定する機器の端子に接地します。続いて、絶縁抵抗計（メガー）を動力線（線路側）端子とアース線側（接地端子）に接続します。絶縁抵抗計（メガー）は水平に置き、目盛りは真上から値を読みます。三相交流の電動機などは、各相が同じ絶縁抵抗値になっていることが必要です。もし、各相がアンバランスな場合は、電動機が絶縁劣化を起こしている可能性があります。

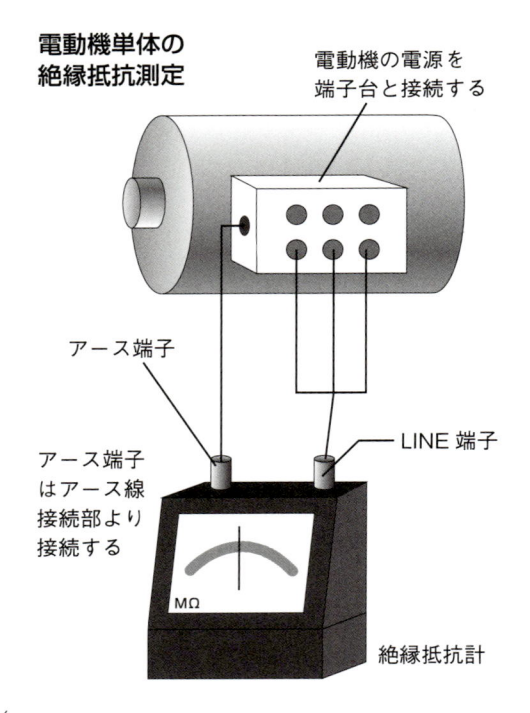

電動機単体の絶縁抵抗測定

電動機の電源を端子台と接続する

アース端子

アース端子はアース線接続部より接続する

LINE 端子

MΩ

絶縁抵抗計

絶縁抵抗計（メガー）を使用して電動機の絶縁抵抗値を測定する場合、まずは電源が遮断していることを確認します。接地側（アース）を確実に接地していることを確認し、動力線側に絶縁抵抗計（メガー）の線路端子（LINE）を接続します。線路端子（LINE）と接地側端子（アース）を間違えると、絶縁抵抗値に誤差が発生します。

固定子のコイルのワニスがはがれている場合、絶縁劣化している恐れがあります

コイルの絶縁

電動機のコイルに絶縁用のワニスが塗られています。固定子のコイルと電動機の外枠には、電気が流れないようになっています。固定子に塗られている絶縁用ワニスがはがれている場合、絶縁劣化しているおそれがあります。メガーなどで電動機の絶縁診断をする必要があります。

動力配線の接続

アースの接続

電動機の端子箱で絶縁診断

メガーで絶縁診断をする場合、3つの動力配線がいずれも導通して0MΩになっています。保守点検の場合、500MΩから∞であれば正常ですが、10MΩ以下の場合、絶縁劣化によって漏電している可能性が高いです。電動機が漏電している場合、電動機を新しく交換する、固定子のコイルを巻き直す、あるいは絶縁ワニスを塗り直す必要があります。

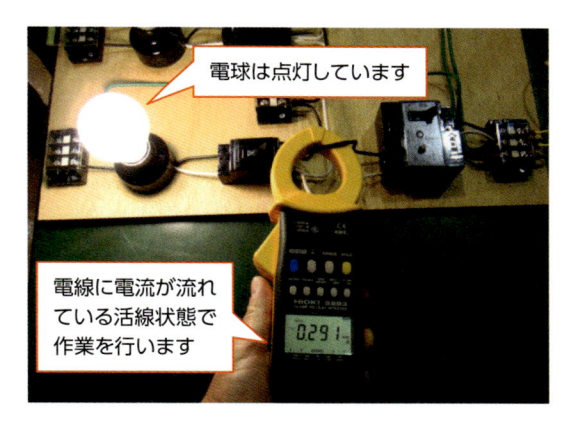

電球は点灯しています

電線に電流が流れている活線状態で作業を行います

クランプ式電流計での測定

単相100V用電線を片方だけクランプして電流を測定しています。電線に電流が流れている活線状態で電流の状態を把握できます。そのため、短時間で電気設備や電気機器の状態を調べられます。作業の際は、電線に電流が流れている活線状態で作業するため、感電しないように必ず保護手袋などを装着して、注意しながら作業します。

電球は点灯しています

電線を両方クランプして測定

単相100V用電線を両方クランプして、電流の測定をしています。電線に電流が流れている活線状態で電流の様子が把握できます。両方を確認して電流値がゼロならば、漏電はしていないことがわかります。クランプ式電流計は、電流測定、電圧測定だけでなくアース線などに流れる漏電測定にも応用できます。

温度計

　温度を測定する場合、2種類の測定方法があります。直接接触して温度を測定する場合と、測定物に接触しないで測定する場合です。

接触温度計のしくみと特徴

　接触温度計は、直接測定物に接触して測定物の温度を測定します。熱電対温度計、電気抵抗温度計などがあります。熱電対温度計は、発生する起電力の大きさを温度に換算し、温度計として利用しています。2種類の金属導体の両端を接続し、電気回路がつながった状態（閉回路）にして金属両端に温度差を与えると、金属に起電力が発生します。熱電対に使われる金属の材質は、計測する温度の範囲と精度により使い分けています。

　電気抵抗温度計は、金属の電気抵抗が温度によって変化することを利用しています。温度と電気抵抗は比例関係にあり、温度が上昇すれば電気抵抗値は増加し、温度が下がれば電気抵抗値は減少します。電気抵抗温度計には、温度変化が規則的な白金やニッケルなどが用いられています。

非接触温度計の用途

　測定物が高圧・高温や高真空状態などの特殊環境や、人体に有害な場合や危険な場合に非接触温度計を用います。電気保全では電流が流れている活線状態の電線端子や絶縁劣化した電線、高速で回転している電動機などの温度測定に用いられます。発熱している可能性がある電線を直接触れずに温度測定ができるため安全です。発光する部分を測定したい個所に当てて測定するため、確実に計測が行えます。

接触温度計と非接触温度計

熱電対の作動原理

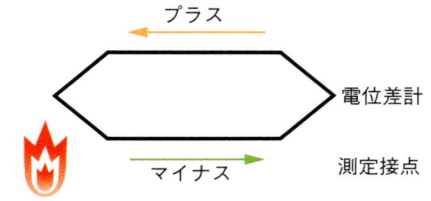

基準接点に温度差を与えると起電力を発生する。この起電力は、導体の長さや太さに無関係である。

熱電対温度計は、2種類の金属導体の両端を接続して、電気回路がつながった状態（閉回路）にしてその金属両端に温度差を与えると、2種類の金属に起電力が発生する。

熱電対の種類

		プラス側	マイナス側
①	B 種	白金ロジウム合金	白金ロジウム合金熱電対
②	R、S 種	白金ロジウム合金	白金熱電対
③	K 種	クロメル（ニッケル・クロム）会社では K 種が多い	アルメル熱電対（ニッケル・アルミ）
④	J 種	鉄	コンスタンタン熱電対（ニッケル・銅）
⑤	T 種	銅	コンスタンタン熱電対（ニッケル・銅）

発生する起電力の大きさを温度に換算し温度計として利用している。一端の温度を一定温度に保ちもう一端の温度を計測することにより、温度差の分だけ起電力が発生する。

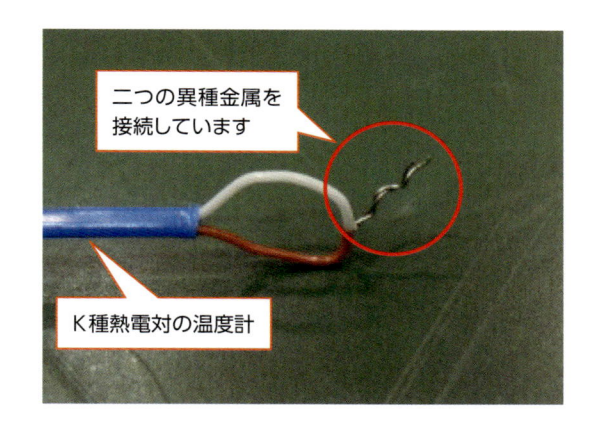

二つの異種金属を接続しています

K種熱電対の温度計

K種熱電対の先端部

K種熱電対の先端部分には、プラス側（ニッケル・クロム）の合金鋼、マイナス側（ニッケル・アルミ）の合金鋼の二つの金属が接続されています。先端部を加熱すると、温度に応じて熱電対内に起電力が発生します。

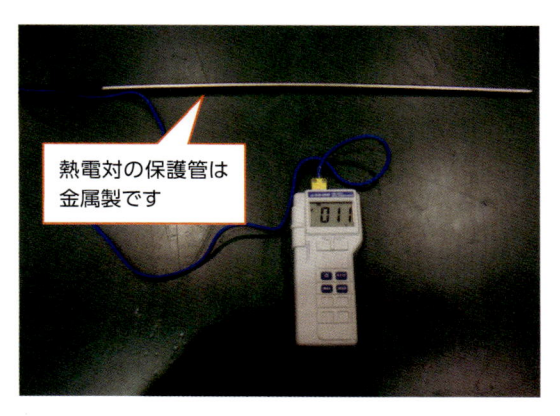

熱電対の保護管は金属製です

金属製の保護管

K種専用の熱電対温度計です。K種熱電対では、測定する測定温度や測定物の用途により、測定物を保護管に入れて計測することがあります。金属製の保護管は気密性に優れている一方で、腐食に弱いという欠点があります。

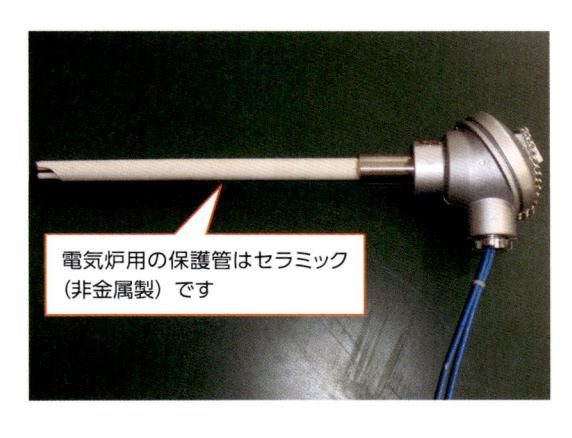

電気炉用の保護管はセラミック（非金属製）です

非金属製の保護管

非金属製保護管には、塩ビ、ガラス、黄銅、ステンレス、石英製などのものがあります。材質に応じた無駄時間と遅れ時間が必ずあるため、確認する必要があります。たとえば、黄銅とステンレスでは、ステンレスのほうが遅れ時間が大きくなっています。総じて、耐熱、耐食性に強いが、強度が低いという特徴があります。

サーミスタ温度計

電気抵抗温度計

サーミスタは、金属ではなく半導体の一種です。温度変化に対して電気抵抗が増減することを利用して温度計に使われています。写真は自動車のエアコンに使用されている温度計です。そのほか、空調機器や事務機器、分析装置などに用いられます。測定可能な温度は$-50℃$～$250℃$前後、精度は$0.01℃$から$0.001℃$と、性能にも優れています。

第5章

電気制御に必要な機器と保全作業

電気制御とは

　機械設備は、動力源として電気エネルギーが使用されます。また、機械設備を制御するには電気制御回路が必要になります。電気制御とは、電気回路で作られた繰り返し同じ動作をさせる指令と、指令を受けて何度も同じ動作を繰り返すコントロールの両方からなります。工場の機械設備は、油圧装置・空気圧装置・電気モータ・電磁マグネットなど、機械設備の動作部分の組み合わせで構成されています。

油圧装置の制御と動作

　油圧装置は、油圧ポンプで作られた圧油を必要な圧力に制御し、油圧配管をとおして油圧シリンダや油圧モータに送ります。油圧シリンダはピストンの上下運動により、高荷重の昇降や圧縮を行います。油圧モータは、圧油の力を回転運動に変換し、回転や移動に用いられています。油圧装置は小さな油圧の力で大きな力を発生させる装置で、高荷重の仕事を必要とする場所に使われています。油圧装置の電気制御部分は、油圧ポンプで発生する圧力・流量などの制御、油圧シリンダのピストンの動作の制御、油圧モータの回転数やトルクの制御などを行っています。

空気圧装置の制御と動作

　空気圧装置で使用する圧縮空気は、水分やごみなどを取り除いた後、空気タンクに備蓄されます。圧縮空気は必要な圧力に調整された後、空気圧シリンダや空気圧モータに送られ、比較的軽量物の昇降や圧縮に用いられます。空気圧装置の電気制御部分は、空気圧シリンダのピストンの動作の制御、空気圧モータの回転数やトルクなどの制御を行っています。

電動機の電気制御

　電気モータ（電動機）は、電力を受けて機械動力を発生させる回転機のことです。一般には三相かご型誘導電動機を指し、商用電源からの電力を使っています。

　電動機の電気制御部分は、電動機の回転制御や回転・停止させるために用いられています。また、電磁マグネットクラッチと併用させることで、電動機の動力を効率よく伝達するとき に使われています。電磁マグネットは、電流を流すことで磁性体（鉄）を磁力で引き寄せ、動力伝達に応用します。電流を遮断すると電磁石は磁力を失い、動力伝達は起こりません。電磁マグネットと電気モータが一体型となった電気モータもあります。この場合、電磁マグネットはブレーキとして使用されます。

油圧装置の動力部

電動機と油圧ポンプで構成されています。電動機が回転して油圧ポンプを稼働し、下部にある油圧タンクから油圧作動油をくみ上げます。油圧ポンプで圧力を加え、配管を通じて各部制御バルブに送ります。方向制御弁により、必要なときに必要な量だけ油圧シリンダに作動油を供給します。

油圧装置の積層弁

油圧シリンダにかかる荷重と油圧シリンダの動作に応じて油圧機器が決まります。積層弁にどのような油圧機器が取り付けてあるか確認することで、油圧シリンダのトラブルを事前に対処ができます。特に自重落下防止回路がある場合、油圧作動油漏れに注意が必要です。

電磁マグネットクラッチ

左側の軸から電動機の回転を伝達します。内部に電磁マグネットが設置されており、電流を流すとマグネットが作動し電動機の回転を伝達します。内部にはクラッチディスクと金属ディスクがあり、互いに接合することにより、軸に回転を伝達する構造になっています。

電磁マグネットクラッチの内部

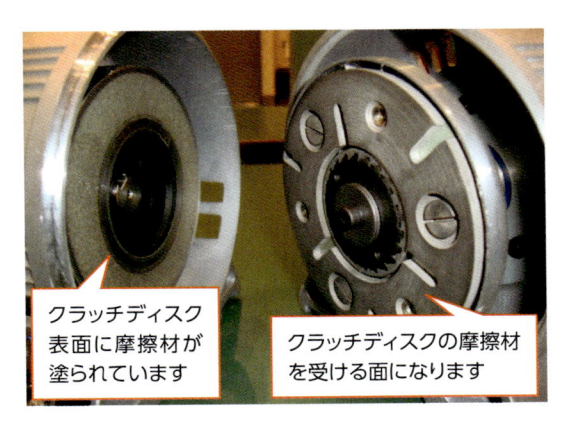

クラッチディスク表面に摩擦材が塗られています

クラッチディスクの摩擦材を受ける面になります

電磁マグネットクラッチの内部には、摩擦材を塗られたクラッチディスクと金属ディスクが対向して配置されています。金属ディスクの回転を磁力でクラッチディスクに押し付けることで、電動機の回転を伝達します。クラッチディスクの表面には摩擦材があり、摩擦抵抗を増大させて滑ることなく効率よく動力を伝達しています。

シーケンス制御

　シーケンス（Sequence）を考えるときに、ドミノ倒しを例として考えてみます。一定間隔にドミノを並べて、先頭のドミノを倒すと連続して倒れていきます。このように、複数の動作を連続して順序よく進行するように制御することがシーケンス制御です。

　シーケンサで自動制御されている生産設備は「WTMACS」を考えると理解しやすくなります。まず、ワーク（W）を製造する時に、正確にツール（T）が稼働する必要があります。ツール（T）が正確に稼働するよう、チェーンやギヤなどを駆動させるメカニズム（M）があります。メカニズム（M）を駆動させるのがアクチュエーター（A）です。そして、アクチュエーター（A）を制御するコントローラー（C）があります。コントローラー（C）の制御装置がシーケンサです。センサ（S）は、コントローラー（C）に情報を流す役割を持ちます。

シーケンス制御の３要素

　シーケンス制御には、順序制御、条件制御、時限制御の３種類があります。多くのシーケンス制御は、この３種類の制御が組み合わされて成り立っています。

　順序制御とは、設備の機器が順序に従って正確に動くようにすることです。たとえば、設備に組み込まれた機器類が、決めた順番どおりに同じ動作をするようなことです。同じ動作をするプロセスを作り、定められた順序でONまたはOFFを繰り返す構造になっています。順序制御は、電気モータ、エアシリンダ、油圧シリンダなど回転や位置が変化する状態になる機器でよく使用されます。

　条件制御は、同じ動作をするプロセスの中にさまざまな検出器やセンサを設置し、検出器やセンサから得た情報をあらかじめ定められた条件と照合しながら制御します。プロセス中にある機器が動作していないことを感知した場合は制御動作を停止させるインターロック機能も含んでいます。インターロック機能によってプロセスの中で誤動作やオペレータの誤動作をいち早く検出し、機器の破損や安全の確保のための制御を行います。

　時限制御は、プロセス中に使用されている機器類の制御を順序と合わせてどれだけの時間がかかるかの時間が規定され、決められた時間と順序に従って機器の動作を制御します。決められたプロセスに従い制御が進んでいくため、プロセス制御とも呼ばれます。

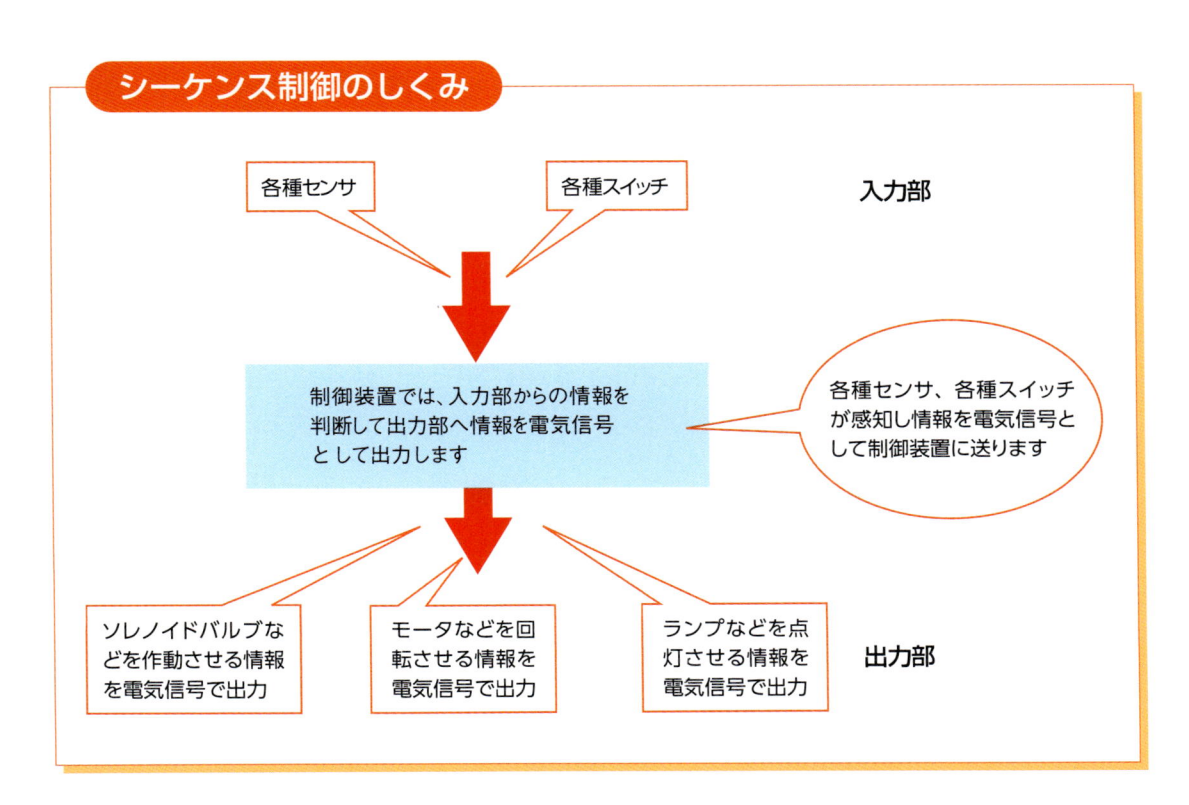

シーケンス制御のしくみ

各種センサ　　各種スイッチ　　　入力部

制御装置では、入力部からの情報を判断して出力部へ情報を電気信号として出力します

各種センサ、各種スイッチが感知し情報を電気信号として制御装置に送ります

ソレノイドバルブなどを作動させる情報を電気信号で出力

モータなどを回転させる情報を電気信号で出力

ランプなどを点灯させる情報を電気信号で出力　　出力部

WTMACSの考え方

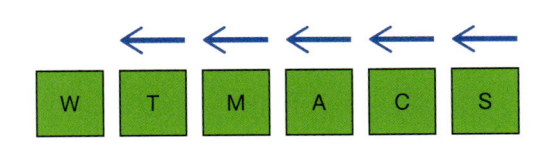

W　T　M　A　C　S

W（ワーク）：製造するワーク
T（ツール）：切断する、押し付ける、成形する、ワークと接触する
M（メカニズム）：チェーン、ギヤ、減速機など
A（アクチュエーター）：油圧装置、空気圧装置、電動機
C（コントローラー）：制御装置、シーケンサ
S（センサ）：温度センサ、近接センサ、光電センサ

透過型光電センサ

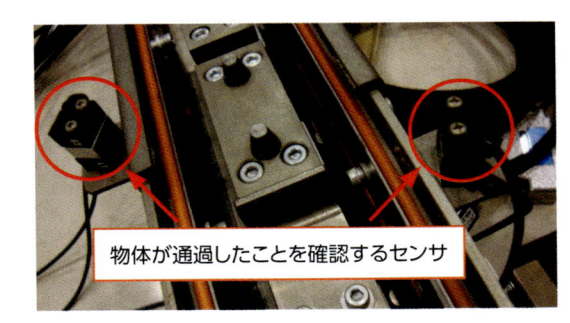

物体が通過したことを確認するセンサ

投光器側から可視光線や赤外線などの光を出し、受光器側でそれを受光します。物体が通過すると、光が遮られ受光器側に光が届きません。すなわち、光が遮断されたことで物体があると判断する構造になっています。

漏電遮断機

電気を使用する機械では、電源や電気が通る電路は必ずすべて絶縁されていて、電流が外部に流れないようになっています。しかし、絶縁不良が起こるとアースを通じて大地に漏れ電流（地絡電流）が流れ、感電や火災につながります。漏電遮断機は、地絡電流を検出して、感電防止や火災防止のために回路を遮断する装置です。

漏電遮断機の機能

漏電遮断機の作動原理を考えてみましょう。写真は、単相100V電源に漏電遮断機を接続し、その先にスイッチと電灯を接続しています。2本同時にクランプメータで電流値を測定すると電流は0Aを示します（写真①）。これは2本に流れる電流が同じであることを意味し、2本とも絶縁が良好と判断できます。

クランプメータによる漏電の検証

次に、電灯から延長させた電線を端子台に接続し、アースに接続している電線との間に抵抗（20kΩ）を接続します。片方ずつクランプメータで電流を測定すると、同じにならないことがわかります（写真②③）。電流値に差が発生していることは、電気機器または電線からアースに電流が流れていることを示します。すなわち、写真②③では漏電していることになりますが、電灯は点灯しています。漏電遮断機は作動するときに許容範囲があり、絶縁不良による少量の漏電では、漏電遮断機は作動しません。そのため、漏電遮断機が作動していない状態でも漏電している可能性があります。

2本の電線で測定した電流の差が、アースに流れている電流の量です（写真④）。クランプメータでアースの電流を測定すると7Aになっています（写真⑤）。すなわち、漏電してアースに流れる電流が7Aであり、電線2本両方をまとめて電流を測定すると7Aになります。電線2本間で発生している電流値とアースに流れる電流は同じになります。このように、少量の漏電では漏電遮断機が作動しませんので、必ず定期的に漏電をしているかどうか測定を行い、感電や電気機器の損傷を防ぐ必要があります。

2本同時に計測する

①

漏電の確認①

写真では電球が点灯していますが、漏電しています。電球に流れる配線に抵抗を接続して、漏電遮断器が作動しない定格不動作電流以下の電流を漏電させています。この状態で黒い配線の電流を測定します。

抵抗

黒い配線を計測します

漏電の確認②

上の写真で黒い配線を計測しましたので、同じ状態で今度は白い配線の電流を測定します。すると、黒い配線で測定した電流値と異なった数値になりました。この場合、漏電していることがわかります。黒い配線と白い配線で測定した電流値の差が、漏電している電流値になります。

白い配線を計測します

漏電の確認③

上では、白黒の配線を別々に測定しましたが、今回は2本同時に測定します。電流値を測定すると0Aになっておらず、漏電していることが確認できました。ただし、漏電遮断機の定格不動作電流以下では、漏電遮断器は作動しません。モータなどの電気機器などが絶縁劣化した状態で水分などが入り、電気が外部に漏れると漏電が起こります。

漏電の確認④

緑の配線（アース線）の電流を計測してみると、0Aになっていませんでした。白黒の配線を2本同時に測定した電流値とアース線の電流値が同じになっています。アース線の電流値は、漏電で漏れている電流値と同じになります。漏電しているおそれがあるため、電気機器やアース線などに直接手を触れないようにしましょう。

モールド遮断機

電気回路を組み込んだ設備で、設備の始動「入」と停止「切」を行うものに、スイッチと遮断機があります。スイッチでは短絡故障した場合などに流れる大きな電流の「入」「切」はできません。大きな電流を遮断するために用いられる機器がモールド遮断機です。

モールド遮断機には、ばねの力で強力に開閉する接点開閉機構、遮断時に発生するアークを速すみやかに吸収する機構が組み入れられています。従来、低電圧では、短絡時に電流を遮断するときにヒューズを使用していましたが、確実かつ安全に遮断したい場合はモールド遮断機を用います。

モールド遮断機の点検方法

モールド遮断機の点検は、基本的にはこれらを取り扱うことができる有資格者が行うことになっています。ただし、目視などで確認できる異常もありますので、異常発生時に判断できるようにしておく必要があります。

点検方法として、以下のポイントに注目します。まず、①電線接続部の端子の変色や過熱などがないか、または②電線を止めているボルトなどの緩みはないかを確認します。電線の変色は、過熱されている場合は茶色に変色しています。過熱されているときには、非接触の温度計などで直接電流が流れていない場所の温度を測定し判断します。

③常時遮断機を閉にしている遮断機は、点検時に数回開閉動作を行います。常時閉にされていると、接触部や開閉機構が固着している場合もあります。その場合は固着した個所を取り除き、故障時に確実に動作するようにしておきます。④モールドのカバーが取り外せる構造になっているものは、内部にほこりやゴミなどがたまって接続不良になっていないかを確認し、エアブローなどでほこりやゴミを取り除くようにしましょう。また、⑤接続部の接点が変色していないか、接点が荒れていないかも確認します。接続部の接点が接触不良になっていると、接点の開閉を行う開閉機構が正常に動作していても、電流が流れない可能性があります。

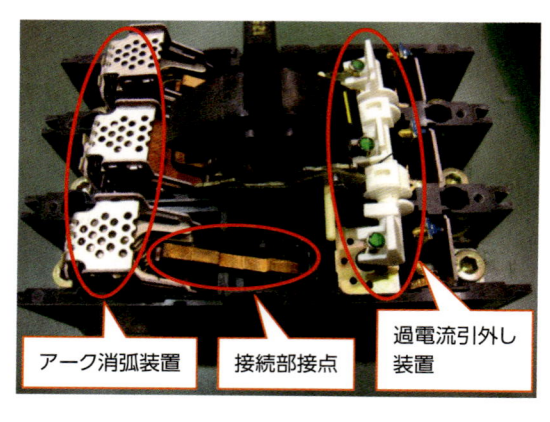

アーク消弧装置　　接続部接点　　過電流引外し装置

モールド遮断機の内部構造

アーク消弧装置、接続部接点、過電流引外し装置から構成されています。点検時には、アーク消弧装置が汚れていないかを点検します。遮断時にアークが発生し、周辺のほこりやゴミなどが燃えてススなどが付着している場合があります。また、内部全体にほこりやゴミなどが付着していないかを確認します。

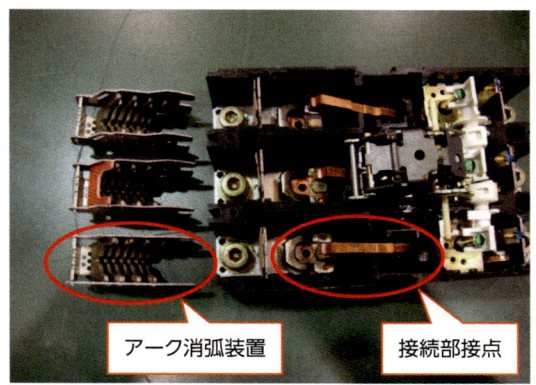

アーク消弧装置　接続部接点

トリップボタン　バイメタル　共通引外し部

アーク消弧装置

写真のように、複数枚の金属板で構成されています。遮断時に発生したアークを効率よく吸収できる形状になっています。接続部接点を常時閉じている場合、接点を開いて接触部の状態を確認します。接触部が荒れていたり、変色していたりするときには、やすりなどで取り除きましょう。接点部の不良で電流が流れない場合があります。

バイメタル

遮断する構造は、バイメタルが過熱されると、共通引外し部方向に湾曲します。バイメタル上に設置されているねじで共通引外し部を押すことで、遮断する構造になっています。すべてのトリップボタンは、共通引外しに接続されています。点検時にモールド遮断機に取り付けてあるトリップボタンを押すと、共通引外し部も押される構造です。

▶ モールド遮断機の構造

　モールド遮断機は、①接点の開閉を行う開閉機構、②過電流が流れたときに電流を遮断する過電流引外し装置、③遮断時に発生するアークを消滅させる消弧装置、④回路を接続する接触子、⑤電線を接続する端子、および⑥これらを組み込むモールドケースからなっています。①の開閉機構は、強力なばねの力で開閉を行う構造になっています。過電流が流れた場合、即座に電流を遮断します。②の過電流引外し装置は、短絡時に過電流が流れたときバイメタルに熱が伝わって湾曲し、共通引外し軸を押すことによりばねの力で接点を強制的に開け遮断します。③の消弧装置は、接続部に遮断時にアークが発生したときにすみやかに吸収する構造になっています。

交流電磁遮断機（マグネットスイッチ）のしくみ

　交流電磁遮断機（マグネットスイッチ）は、主に主回路の周波数が50Hz、60Hzの回路に使用され、ON・OFFの開閉を頻繁に行うような設備に用いられています。内部の構造は、電磁石の原理とまったく同じで、コイルと鉄芯で構成されています。鉄芯に巻かれたコイルに電流が流れると、鉄芯は電磁石になります。電磁石の力で鉄芯を引きよせ、接続部端子が接触すると回路が閉となります。コイルに流れる電流を止めると鉄芯には磁力がなくなり、ばねの力で接続部接点が開となります。原理は電磁石を応用した電磁リレーと同じ機構です。

交流電磁開閉器の種類と構成

　交流電磁開閉器は大きく、プランジャー型とヒンジ型に分けられます。ヒンジ型の機構と動作は電磁リレーの構造と全く同じです。プランジャー型交流電磁開閉器は、可動接触子、2つの固定接触子、可動鉄芯、固定鉄芯、電磁コイル、引外しばねから構成されています。

　電流が流れていない状態では、可動接触子と片方の固定接触子は互いにb接点になっています。コイルに電流が流れると、コイルに接続された固定鉄芯が電磁石になり、可動鉄芯が引き寄せられます。可動鉄芯が引き寄せられることにより、可動接触子がもう片方の固定接触子に接続され、可動接触部と固定接触部はa接点になります。

　コイルに流れる電流を流れなくすると、引外しばねの力で可動鉄芯は引き離され、可動接触子は最初に接続されていた固定接触子に接続されます。原理は電磁リレーと同じで、コイルに電流を流すことにより発生する磁力を利用しながら、鉄芯を電磁石に変化させ利用しています。

　マグネットスイッチは、負荷保護装置（サーマルリレー）を設置しています。サーマルリレーによって過負荷を感知してマグネットスイッチを遮断することによって、機器の焼損を自動的に防止します。マグネットスイッチが設置されていない状態で電動機などを可動させていると、電動機などの回転に対して抵抗が大きくなりすぎた場合は過負荷状態になります。電動機を運転させ続けると、電動機のコイルが過熱しベアリングの焼損や焼付き、固定子・コイルの破損、電動機からの発火などにつながるおそれがあります。

　マグネットスイッチは、機械的な動作ではなく電気的な動作によって電気回路の開閉ができるため、離れている機器のオン・オフを操作することが可能になります。

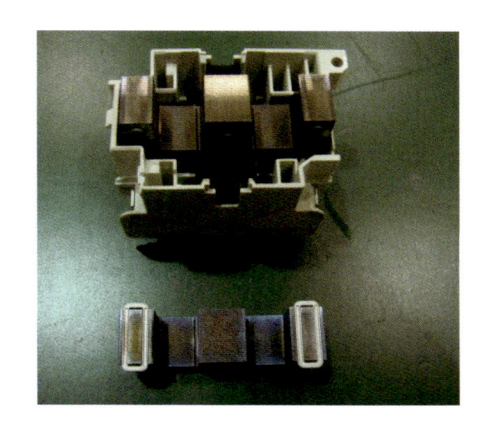

交流電磁開閉器内部

写真の下が固定鉄芯、上が可動鉄芯です。固定鉄芯、可動鉄芯は薄い鉄板を合わせて、磁力を大きくしています。メンテナンスでは、固定鉄芯、可動鉄芯の鉄芯の間にさびや隙間がないことを確認します。隙間があると可動鉄芯・固定鉄芯の間に金属片などが入り、接触子が接続不良になる場合があるので注意します。

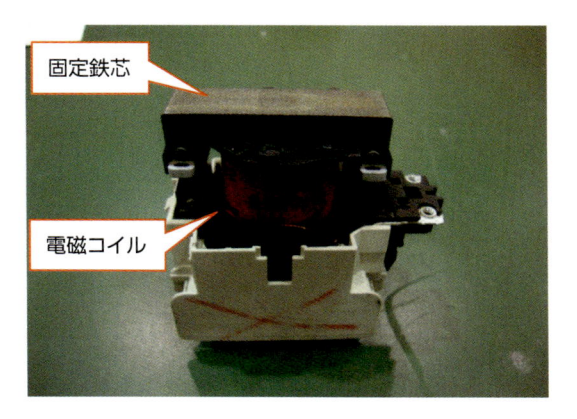

固定鉄芯

電磁コイル

固定鉄芯

固定鉄芯は、コイルと一緒に組み込まれています。コイルに電流が流れると、固定鉄芯は電磁石になり、可動鉄芯が引き寄せられます。コイルには細い電線が巻かれているため衝撃には大変弱く、取り落とすことなどないよう、取り扱いに十分な注意を払います。

電磁コイル

交流電磁開閉器の電磁コイル部分です。電磁コイルに電流を流すことで、電磁コイル部分に磁界を発生させます。磁界を発生させることで可動鉄心を磁力の力で吸引します。電流を止めると、可動鉄心はバネの力で反発されます。

可動鉄心

交流電磁開閉器の交流電流を流す可動鉄心部分です。可動鉄心部分の接続部分に鉄くずなどの異物が入らないように注意します。可動鉄心は通常の鋼板ではなく専用の電磁鋼板で作られています。電磁鋼板の特徴は、少ない磁石や電流でも大きな磁束が得られることです。また、磁束を通した時に損失を少なくできます。磁束とは、磁界から出る磁力線の束のイメージです。

交流電磁遮断機（マグネットスイッチ）の良否点検

交流電磁開閉器点検の要点

　交流電磁開閉器は日常点検が必要です。交流電磁開閉器は頻繁に開閉を行う構造になっているために、接触子自体の摩耗や変形が起こる可能性があります。特に接触子が接触したときにはアークを発生する場合があります。このアークによって接触子を損傷させることがありますので、定期的な保守メンテナンスと交換が必要です。

　交流電磁開閉器の日常点検では、①電線接続端子が緩んでいないか、②端子自体の変色や腐食がないか確認を行います。また、③可動部を手で動かして、引っ掛かりや戻りかたに異常がないかの確認を行います。引っ掛りなどがあると、交流電磁開閉器自体が正常に開閉されないおそれがあります。

　また、④内部の固定鉄芯、可動鉄芯部に金属片やワッシャーなどが混入していないか確認します。固定鉄芯は電磁石になるため、周囲にある鉄性の物を引きよせます。それが固定鉄芯、可動鉄芯の接合部に入ることで、固定接触子と可動接触子が接続しない状態になる場合があります。そして、⑤電磁石がうなり音を発していないか確認します。電磁石からうなり音がする場合、コイルが劣化していることがありますので、早急に交換が必要です。

　それから、⑥交流電磁開閉器内部にゴミやほこり、油などが入りこんでいないかを確認します。油やゴミなどが接触子に付着すると、接続不良になる可能性があります。場合によっては接点に銀系の金属を用いている場合があり、酸化や硫化などにより接点表面が黒く変色してしまうことがあります。この場合、性能はほとんど低下しませんので、接点をペーパーなどで磨く必要はありません。逆に磨くと接点の寿命を短くしてしまうことがありますので注意が必要です。

　マグネットスイッチの良否点検をする場合、マグネットスイッチの回路を参考にしながら接点のa接点、b接点をテスタで導通確認をします。また、マグネットスイッチを作動させる電源を入れ、a接点、b接点の導通確認を行います。作動不良がある場合は、a接点、b接点の接点不良の可能性があります。マグネットスイッチの作動確認と同時にテスタの導通確認をします。

　マグネットスイッチには寿命があります。使用環境によって寿命は変わりますが、一定の作動回数を超えた場合、定期交換する必要があります。マグネットスイッチの開路図を確認しながらa接点、b接点をテスターなどで導通確認することで、マグネットスイッチの良否点検を実施します。また、接点のテスターなどで導通確認するときに、接点の抵抗を測定することで接点に不良箇所を見つけられます。接点に酸化被膜や不純物が形成されている場合、テスターの抵抗値は必ず上昇しています。抵抗値がゼロでない場合、接点不良が起こっている可能性があります。

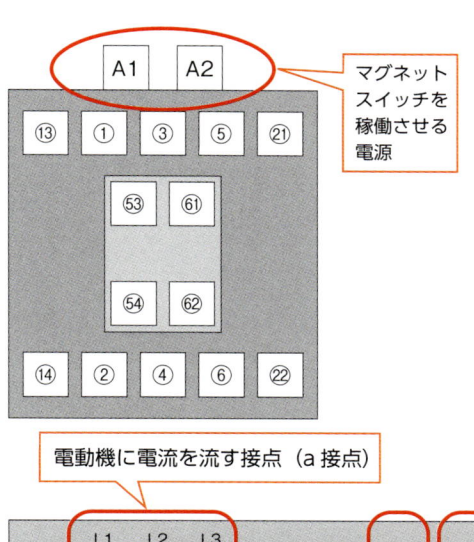

マグネットスイッチを稼働させる電源

電動機に電流を流す接点（a接点）

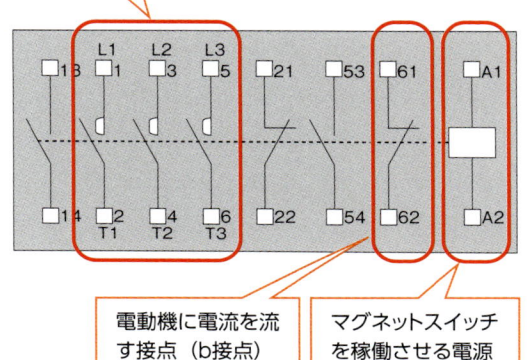

電動機に電流を流す接点（b接点）

マグネットスイッチを稼働させる電源

マグネットスイッチの導通確認

図のA1、A2はマグネットスイッチを可動させる電源です。A1、A2に電流を通電しない状態で、マグネットスイッチのa接点、b接点の導通確認をします。マグネットスイッチのb接点は、端子21と22、端子61と62は導通します。a接点は、端子13と14、端子53と54、動力線端子1と2、端子3と4、端子5と6は導通しない状態になっています。

次にA1、A2に電流を流して、マグネットスイッチの導通を確認します。b接点は導通しない状態、a接点は導通する状態になっています。もしa接点、b接点の条件と違う場合、接点の溶着、接点の接触不良が起こっているおそれがあります。マグネットスイッチが動作不良を起こしている場合、a接点、b接点に対して正常に稼働しているかなどを確認することで良否点検ができます。

固定接触子、可動接触子

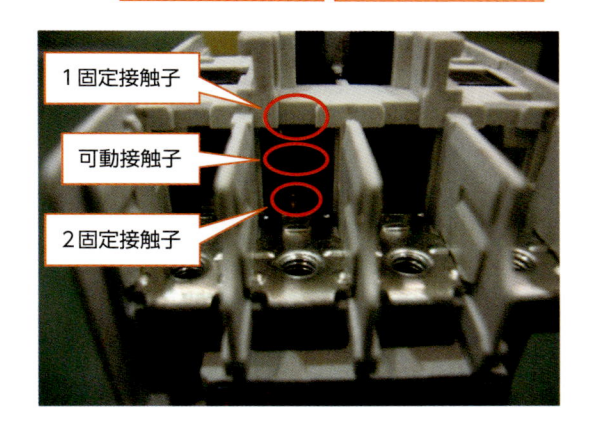

1固定接触子

可動接触子

2固定接触子

接続部の固定接触子、可動接触子の様子です。可動接触子は2つの固定接触子に挟まれています。コイルに電流が流れないとき、可動接触子は1固定接触子に接触しています。コイルに電流が流れると、可動接触子は2固定接触子に接触する構造になっています。交流電磁開閉器は、a接点とb接点の両方を持った機構です。

可動鉄芯

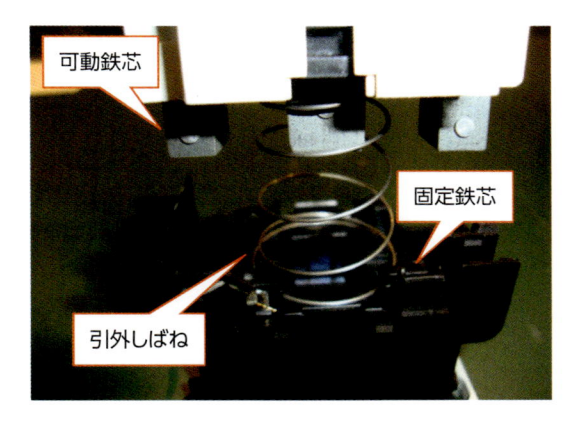

可動鉄芯

固定鉄芯

引外しばね

可動鉄芯は引外しばねにより上部に押し付けられています。固定鉄芯が電磁石になると、可動鉄芯が固定鉄芯へ引き寄せられます。電流が流れなくなると、引外しばねの力で引き外されます。手で可動部を押して引っかかりがある場合、ばねだけの力では戻らないおそれもあるので、引っ掛かりがないかを確認します。

電磁リレー

　電磁リレーは、鉄芯にコイルを巻きつけて通電すると磁力を持つ原理を利用しています。電磁リレーの電磁石が鉄片を吸引することで、電気的な接点を開閉する構造になっています。電磁リレーは電気制御回路を作るうえで重要な部品であり、リレーシーケンス回路を構成する主要機器です。

電磁リレーのa接点、b接点、c接点

　電磁リレーの接点には、a接点、b接点、c接点の3種類があります。リレーシーケンス回路は、電磁リレーのa接点、b接点、c接点を組み合わせて構成されています。

　電磁リレーのＡ接点は、コイルに電流が流れていないときは接点が開いており、コイルに電流が流れると接点が閉じる構造になっています。また、b接点はコイルに電流が流れていないときは接点が閉じており、コイルに電流が流れると接点が開く構造になっています。Ｃ接点は2つの接触端子（NO端子とNC端子）と可動部接点を持つ端子（C端子）、およびコイル端子で構成されています。Ｃ端子（Common）は共通端子、NO端子（Normally Open）は平常開端子、NC端子（Normally Close）は平常時閉端子です。また、コイル端子は電磁コイルに電流を流す端子です。電磁リレーのc接点は、接触端子を組み替えることにより、a接点とb接点の両方をもった電磁リレーです。

　a接点は、コイルに電流が流れコイルが動作すると回路が閉じてC端子とNO端子がつながります。b接点は、コイルに電流が流れコイルが動作すると回路が開き、C端子とNC端子が開きます。c接点は、C端子の一つに対してa接点とb接点がセットになって動作します。電磁リレーの作動原理を把握することで、マグネットスイッチと同様に電磁リレーの良否点検ができます。電磁リレーにも寿命があり、定期的な交換が必要です。

　電磁リレーの良否点検は、C端子とa接点、b接点をテスターなどで導通確認を行います。最初に、電磁リレーに電流を流さない状態で、C端子とa接点が導通せず、C端子とb接点が導通することを確認します。次に電磁リレーに電流を流した状態で、C端子とa接点が導通し、C端子とb接点が導通しないことを確認します。導通確認するときに抵抗値を測定しておくことで、接点の接触抵抗を測定することが可能です。接点に接触抵抗がある場合、電磁リレーが動作しているにも関わらず接点不良で生産設備が稼働しないおそれがあります。

C端子接続部

丸で囲ったところに、C端子の接続部が4カ所あります。この電磁リレーでは、コイル1つに対して4セットのc接点があることがわかります。接続部が絶縁不良になると故障につながります。コイルの配線は大変細い線で接続されており、衝撃を与えると作動しなくなるおそれがあるため注意が必要です。

端子接続部

コイル端子から電流が流されると鉄芯は電磁石になります。鉄片は、電磁石になった鉄芯に引き寄せられます。鉄片はC端子と接続されており、鉄片が鉄芯に引き寄せられると、NO端子に接続されます。コイル端子に電流が流れなくなると、鉄芯は磁力がなくなり、復帰ばねの力でNC端子に接続されます。

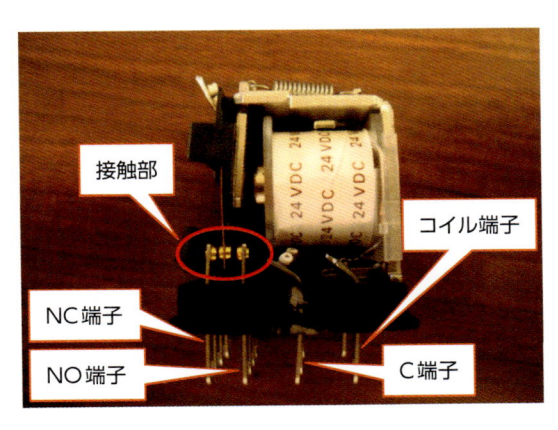

接触部
コイル端子
NC端子
NO端子
C端子

リレーと端子台の確認方法

電磁リレーは、端子の接続方法を変更することでa接点・b接点の両方が選択可能です。端子は、NC端子（常時閉）、NO端子（常時開）、c端子（共通端子）、コイル端子で構成されています。C端子はNC端子とNO端子の間にある接触部に接続されています。NC端子がc端子と接触し、NO端子はC端子と接触していない状態になっています。

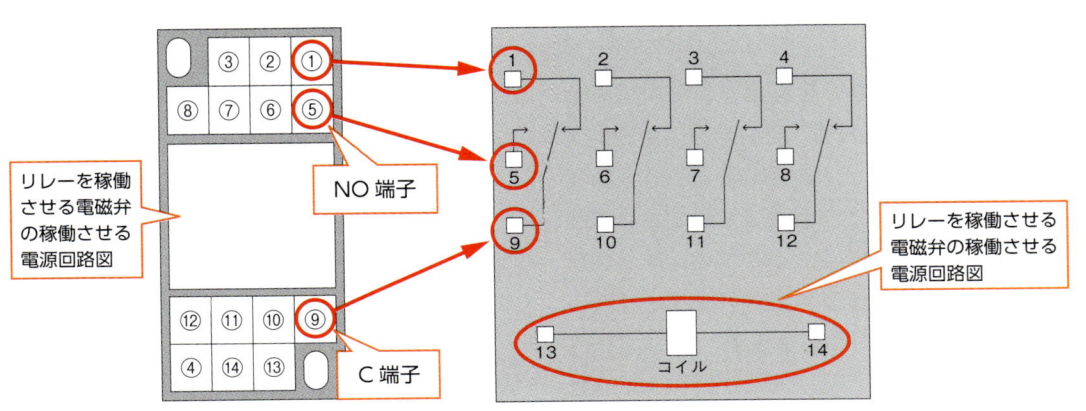

リレーを稼働させる電磁弁の稼働させる電源回路図

NO端子

C端子

リレーを稼働させる電磁弁の稼働させる電源回路図

コイル

押しボタンスイッチ

押しボタンスイッチの種類と動作

押しボタンスイッチには、自動復帰形スイッチ、保持形スイッチなどの区分があります。自動復帰形スイッチは、手で押しているときだけ接点が開閉し、手を離すと元の状態に戻ります。シーケンス制御で多く用いられます。保持形スイッチは、1回押すと押しボタンと接点の保持が継続されます。もう一度押すと、保持が解除され元の状態に戻ります。主に電源のON・OFFに使用されます。

また、接点によりa接点押しボタンスイッチ、b接点押しボタンスイッチにも区分されます。a接点押しボタンスイッチは、ボタンを押していないときは接点が開、押すと接点が接続するスイッチです。b接点押しボタンスイッチはa接点とは逆に、ボタンを押していないときは接点が接続されて、押すと接点が離れて回路が開になるスイッチです。

押しボタンスイッチの日常点検のポイント

日常点検では、主に接触子の接点状態を確認します。接点にごみやほこりなどが入ると接触不良を起こす場合があります。また、周辺に水や揮発性の物質などがある環境では、使用環境に合わせた形状にする必要があります。水がある環境では防水保護を行います。揮発性のガスがある環境では、接触子の接点が開閉したときのスパークで引火する可能性を考慮し、接触子の接点や配線端子が揮発性ガスに触れない構造のものを選びます。押しボタンスイッチは単体で使用することもありますが、主に電磁リレーと併用して制御回路を作ります。併用することで、スイッチで小さな電流を電磁リレーの電源端子に流し、電磁リレーを作動させて電磁リレー自体に大きな電流を流します。制御回路では、スイッチと電磁リレーなどを組み合わせて、電動機の始動や停止、電灯の点灯や消灯などを行います。

スイッチと電磁リレーに流れる電流の大きさに注意

押しボタンスイッチは、接続子接点が接触したときにスパークが発生して接点に付着した不純物を焼却しています。極端に小さな電流を流している接続子接点では、不純物が接点に付着していても接続時のスパークの温度が小さすぎて不純物を焼却できない場合があります。その場合、接点に不純物が堆積して接点不良を起こす可能性があります。このように、スイッチと電磁リレーに流れる電流の大きさも考慮する必要があります。

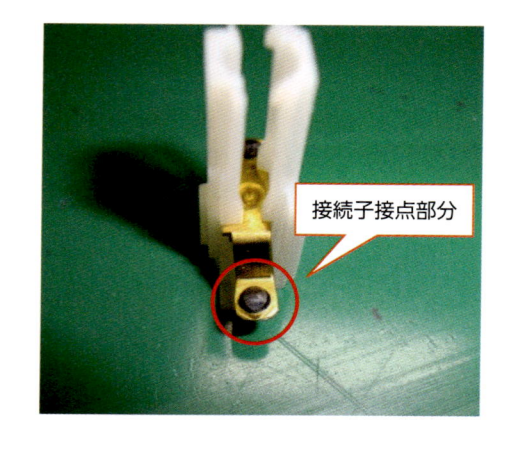

接続子接点部分

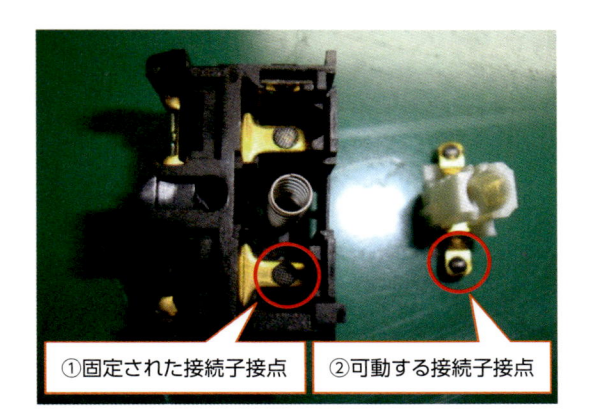

①固定された接続子接点　②可動する接続子接点

接続子接点

押しボタンを押すことで、②可動する接続子接点が①固定された接続接点に接触して、接続端子がつながった形になります。手を離すと、復帰ばねの力で強制的に①固定されている接続子接点と ②可動している接続子接点が切り離されます。

押しボタンスイッチ

a接点、b接点の両方を選択できるスイッチ

押しボタンスイッチの内部

自動復帰形スイッチの内部構造です。1つのスイッチでa接点、b接点の両方または片方を選択できるようになっています。スイッチを操作することで、a接点とb接点の2つの回路を切り替えができるものは、c接点と呼ばれています。

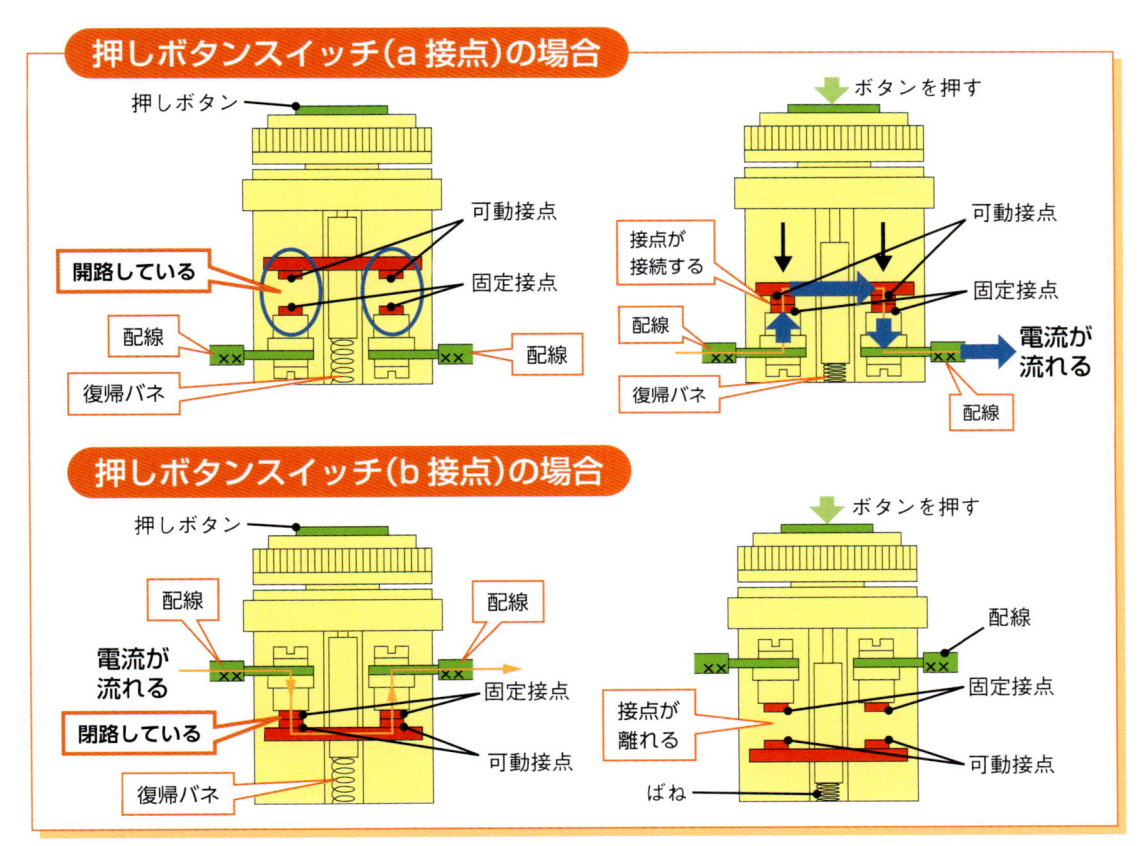

押しボタンスイッチ（a 接点）の場合

押しボタン
可動接点
開路している
固定接点
配線
復帰バネ
配線

ボタンを押す
可動接点
接点が接続する
固定接点
配線
電流が流れる
復帰バネ
配線

押しボタンスイッチ（b 接点）の場合

押しボタン
配線
配線
電流が流れる
固定接点
閉路している
可動接点
復帰バネ

ボタンを押す
配線
固定接点
接点が離れる
可動接点
ばね

電気制御の損傷事例

　生産工場の設備では、自動化された機器が多く使われています。稼働中に設備が故障を起こした場合、ほとんどは専門業者や工場の保全関係従事者が修理を行います。

設備を熟知しているのは現場のオペレーター

　しかし、設備の現状を一番よく知っているのは、専門業者でも工場の保全従事者でもなく、設備を操作しているオペレーターです。実際、故障を起こす前兆をいち早く察知するのは現場のオペレーターです。設備の動作がいつもと違う、いつもと違う匂いがする、いつもと違う音がするなどで設備の故障の前兆を察知します。

現場担当者の協力で短時間で設備を復旧

　医薬・医療品などを製造している会社が東日本大震災で被災し、設備が壊れてしまいました。この設備には、電気モータ、マグネットクラッチ、空気圧装置、異物混入検知器などさまざまな機器やセンサが組み込まれていました。応急修理で動くようになりましたが、設備の担当者から、いつもと違う動きをするという意見がありました。実際にできた製品を確認すると、品質に不具合がありました。

　そこで、空気圧装置などが動作する順番や動きを、担当者と一緒に確認していきました。作業を進めていくと、1本のエアシリンダがいつもと違う位置にあることに気がつきました。エアシリンダには近接センサが組付けられており、センサは動作している状態でした。空気圧シリンダの空気を抜き、正しい場所に戻すと製品の不具合が解消されました。

　不具合の原因は、設備を構成している機器のセンサでした。エアシリンダのセンサの位置が地震の影響でずれたため、設備が誤作動していたのです。現在の設備では、インターロック回路が必ず組み込まれています。センサが誤作動したら設備全体が停止、または設備を守る制御を行います。今回、短時間で設備を復旧できたのは、オペレーターが機械の動きを熟知していたためでした。

トラブル対策への対応

　設備のトラブルに対処できる職員が少なく、困っている企業は数多くあります。そこで作成しておきたいのが、トラブル発生時の対処法をまとめたYES・NOフローチャートです。YES・NOフローチャートの作成は、生産設備をよく理解していることが前提になりますが、フローチャートを使ってトラブル箇所を確認するときは、構造をよく理解していなくても機械的に確認できます。

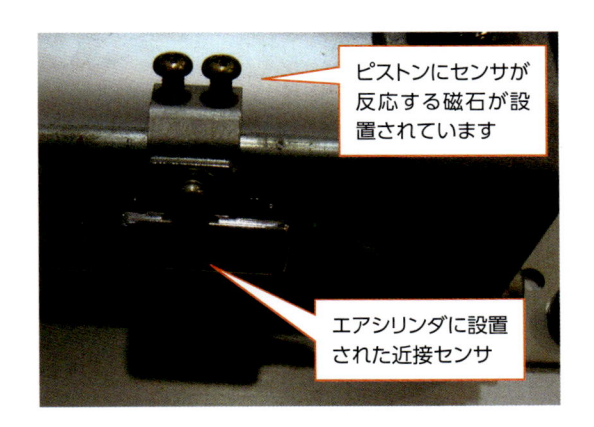

ピストンにセンサが反応する磁石が設置されています

エアシリンダに設置された近接センサ

エアシリンダに設置された近接センサ

センサは磁界に反応するタイプが設置されています。ピストンには、マグネットが設置されています。ピストンが作動し、センサのある位置までピストンが動くとセンサが反応する仕組みになっています。センサの位置がずれた場合、シーケンサの順序が間違った信号を感知し、生産設備を停止させてしまいます。

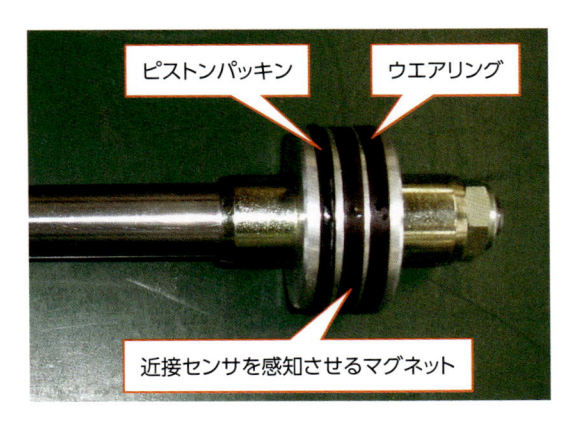

ピストンパッキン　ウエアリング

近接センサを感知させるマグネット

エアシリンダのピストン部分

ピストン部分は、ピストンパッキン、近接センサを感知させるマグネット、シリンダ内面に干渉させないためのウエアリングで構成されています。マグネットがシリンダの外側に取り付けてある近接センサを感知させて、制御装置に信号を送る仕組みになっています。

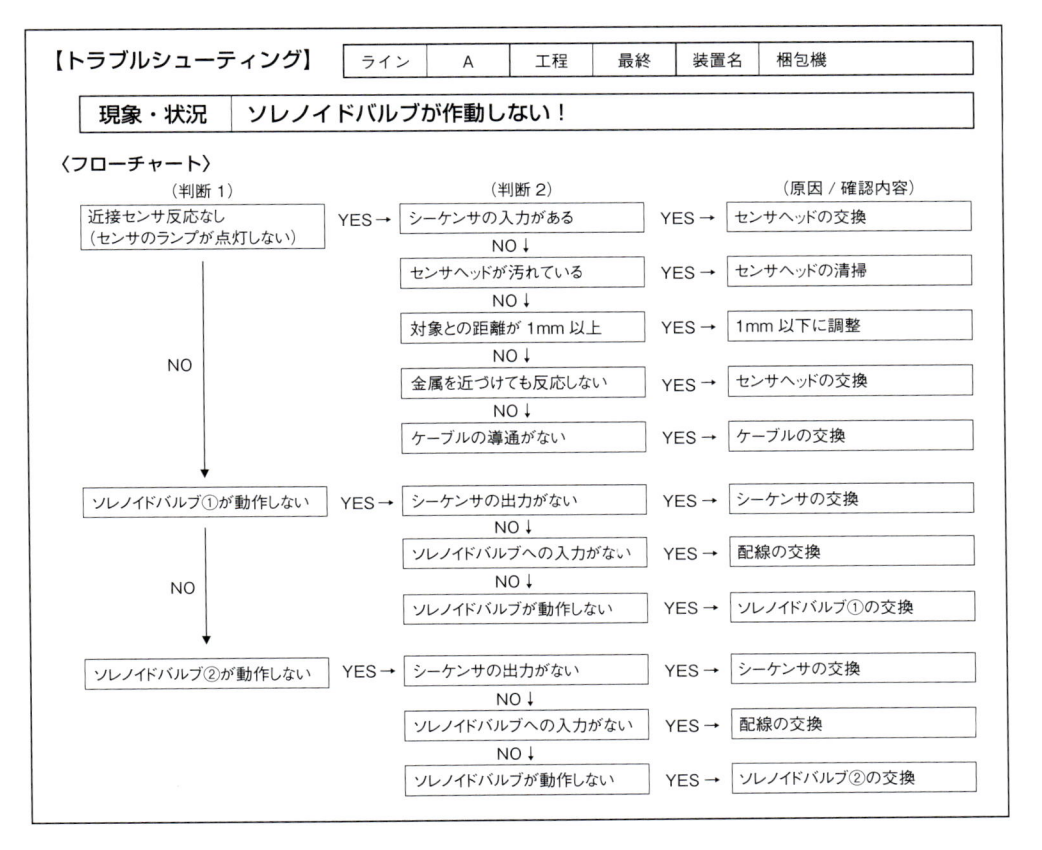

【トラブルシューティング】

| ライン | A | 工程 | 最終 | 装置名 | 梱包機 |

| 現象・状況 | ソレノイドバルブが作動しない！ |

〈フローチャート〉

（判断1）		（判断2）		（原因／確認内容）
近接センサ反応なし（センサのランプが点灯しない）	YES →	シーケンサの入力がある	YES →	センサヘッドの交換
		NO ↓		
		センサヘッドが汚れている	YES →	センサヘッドの清掃
		NO ↓		
		対象との距離が1mm以上	YES →	1mm以下に調整
		NO ↓		
NO		金属を近づけても反応しない	YES →	センサヘッドの交換
		NO ↓		
		ケーブルの導通がない	YES →	ケーブルの交換
↓ソレノイドバルブ①が動作しない	YES →	シーケンサの出力がない	YES →	シーケンサの交換
		NO ↓		
		ソレノイドバルブへの入力がない	YES →	配線の交換
NO		NO ↓		
		ソレノイドバルブが動作しない	YES →	ソレノイドバルブ①の交換
↓ソレノイドバルブ②が動作しない	YES →	シーケンサの出力がない	YES →	シーケンサの交換
		NO ↓		
		ソレノイドバルブへの入力がない	YES →	配線の交換
		NO ↓		
		ソレノイドバルブが動作しない	YES →	ソレノイドバルブ②の交換

第5章　電気制御と保全作業に必要な機器

第6章

電動機と保全作業

電気制御とは

直流電動機

　直流電動機は、磁界中の導体に対して外部から電流を流すことで、導体に発生する電磁力によって回転します。電磁力の力で回転する部分が回転子になります。

直流電動機の構造

　直流電動機は、炭素質や黒鉛などで作られたブラシを導体へ接触させ、直接電圧をかける構造をしています。導体は、カーボンブラシとの接触面に銅の筒を縦割りにした形状の整流子が設けられています。ブラシと整流子の機構により磁極に流れる電流は常に同方向になるようになっており、それにより同一方向へ回転します。ただし、実際に使用される直流電動機の整流子は一体ではありません。効率を上げるために複数対にわけられており、磁極に対応した導体に、接続された整流子片を複数組み合わせる構造になっています。

　整流子片と整流子の縁の間にはマイカが挟まれた構造になっており、ブラシが接触することにより整流子片が円周方向に伸びてマイカを覆うようになっていきます。また、回転子に直接ブラシを通して電流を流すため、ブラシや整流子の摩耗が起こります。このため、直流電動機が稼働することにより、当初は適正であったブラシと整流子の関係が変化していきます。すなわち、機械的な初期値が時間により変化し、当たりやなじみが変わっていきますので、定期点検保守が必要です。

重要点検項目は整流子とブラシ

　直流電動機の重要点検項目は、整流子とブラシです。下の図のように、ブラシは整流子に接触して回転しています。整流子はブラシから電流を受けて導体に電流を流します。したがって、整流子とブラシ間で接触不良が起こると電動機は回転不良を起こします。

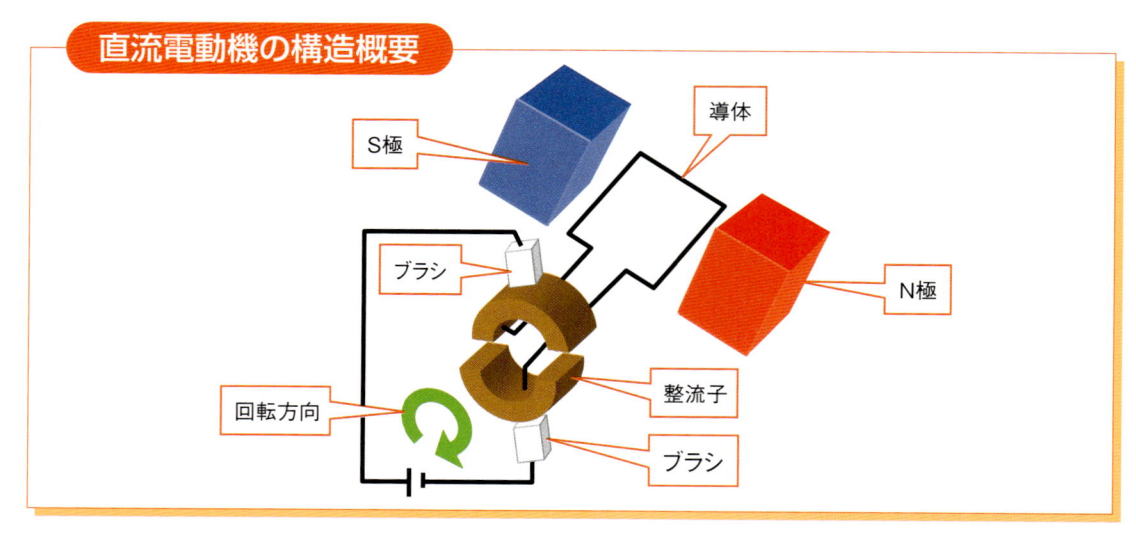

直流電動機の構造概要

ブラシの先端部

回転子のスリップリングの円弧状に対して、きちんと接触するように形状を調整します。ブラシ先端を円弧状に調整することで、整流子に接触する面をブラシ先端の全体で受ける構造になっています。

生産設備の直流電動機

直流電動機のカーボンブラシを点検しているところです。すべてのカーボンブラシが均一に摩耗しているかを確認します。カーボンブラシにはプラスとマイナスがありますので、必ず両方の摩耗具合を確認します。

直流電動機の整流子

写真は、生産設備にある大型直流電動機の整流子です。メンテナンスの際には、カーボンブラシと整流子の接地面の凹凸や摩耗などをよく確認します。整流子表面にキズや凹凸がある場合、直流電動機の回転不良を引き起こす可能性や整流子を損傷させるおそれがあります。

カーボンブラシを取り外してのメンテナンス

カーボンブラシを取り外して、整流子とカーボンブラシの接地している状態を確認しています。また、カーボンブラシを押し付けるスプリングの張力もすべて同じかどうか確認します。プラス側とマイナス側のカーボンブラシの摩耗具合を確認します。摩耗具合が極端に違う場合、スプリングの張力や整流子表面の状態をよく確認します。

三相誘導電動機

　誘導電動機は、接続（短絡）された導体（コイル）を2つの永久磁石N・Sの中央に置き、導体を回転できるように中心軸で支持しています。実際には、コイルに交流電流を通じて電磁石として磁束を発生させています。この磁束が回転させる力になります。

三相誘導電動機の構造

　三相誘導電動機は、外部から電力を受け回転磁界を発生させる固定子（一次コイル）と、電磁誘導に電力を受ける回転子（二次コイル）から構成されます。固定子は、鉄心と巻き線、これらを納める固定子枠から構成されています。切り込みのある鉄心に、使用電圧に応じた、絶縁されたコイルが納められています。鉄心は薄い（0.35mmまたは0.5mm）ケイ素鋼板を積み重ねた状態になっており、間には絶縁ワニスが塗られています。回転子の構造は、巻線型誘導電動機と、かご型誘導電動機で異なります。

かご型誘導電動機の構造と特徴

　かご型誘導電動機は、切り込みを入れた鉄心を切り込みと同じ形状の銅棒（ロータバー）に納めて、両端を短絡環と呼ばれる銅の環で接続した構造になっています。小型の電動機では、アルミニウム鋳造により、ロータバーと短絡環が一体構造で作られています。ロータバーと短絡環がかごの形になっているので、かご型と呼ばれます。かご型は、固定子から回転子に電流が流れない状態で、回転子は固定子から発生する電磁誘導により回転しています。そのため、巻線型より起動電流を多く必要とします。

巻線型誘導電動機の構造と特徴

　巻線型誘導電動機は、鉄心に納められた三相巻き線の端がスリップリングに接続されており、ブラシを通して外部から始動用電流が供給されます。始動用電流を変化させられるため、ある程度の速度制御が可能です。また、固定子から直接電流が流れるのではなく、固定子は絶縁された状態になっています。このため、かご型誘導電動機に比べて起動電力を少なくさせることができます。

　巻線型誘導電動機のスリップリングやブラシは、稼働時間により、機械的な初期設定値が変化します。適切な状態に保つことが必要です。また、電動機には軸受、キー、軸、冷却ファンなどが付属されています。冷却ファンと軸受が損傷すると回転子と固定子が接触し、電動機を破損させることがあります。したがって、両方とも定期的なメンテナンスが必要です。

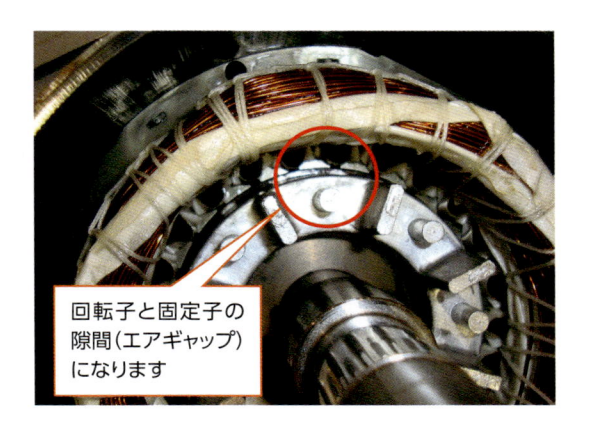

交流三相誘導電動機の内部

固定子の内部にある回転子が軸受に支えられて配置され、回転する構造になっています。回転子は短絡した状態になっており、固定子から電流などが流れない構造をしています。固定子の電磁誘導の力で回転子が回転しています。

回転子と固定子の
隙間（エアギャップ）
になります

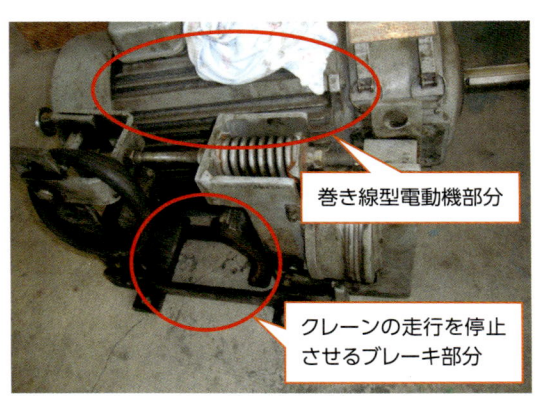

巻き線型電動機部分

クレーンの走行を停止
させるブレーキ部分

天井走行クレーンの巻き線型誘導電動機

巻き線型誘導電動機は、カーボンやベアリングなどの定期交換部品があります。消耗部品の定期的な交換が必要になるため、時期を決めて計画的かつ適切に行うことが必要です。通常は、設備の繁忙期を避けて保守メンテナンスを行うことになります。

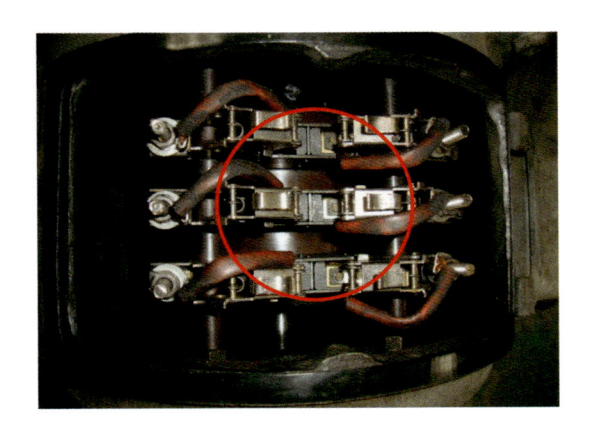

カーボンブラシ

巻き線型誘導電動機の回転子に電流を流すカーボンブラシの様子です。カーボンブラシの残量がすべて同じ摩耗状態かなどを確認します。カーボンブラシを押し付けるスプリングの張力やカーボンブラシの残量や摩耗粉などの確認や清掃を行います。

カーボンブラシ
と接触する部分
（スリップリング）

カーボンブラシとスリップリングの
接触箇所

メンテナンスでは、カーボンブラシがスリップリングに接触している部分を確認する必要があります。表面の状態を確認して、スリップリングの表面が荒れていないか、変色はないかなどを確認します。

軸受の寿命と損傷（電動機のトラブル）

電動機に用いられている軸受には、油で潤滑を行うすべり軸受とグリスで潤滑を行う転がり軸受の2種類があります。特に大型大容量の電動機にはすべり軸受が用いられることがありますが、その他のほとんどの電動機には転がり軸受が用いられています。

すべり軸受の構造と特徴・要求性能

すべり軸受は、軟質金属を材料に使っています。接触しながら回転運動をするので、絶えず摩擦熱による影響があります。そのため、すべり軸受には特別な機能が要求されています。

すべり軸受に要求される機能として、非焼付き性、なじみ性、埋没性、耐腐食性、耐疲労性が上げられます。すべり軸受に用いられる潤滑油の目的は、軸と軸受の間に潤滑油の油膜を形成し、油膜が軸と軸にかかる荷重を支えることです。潤滑油の油膜がなかった場合、軸と軸受の金属同士が直接接触して焼付きの原因になってしまいます。また、潤滑油には軸と軸受の摩耗・摩擦を低減させる役割もあります。それ以外にも、軸が回転運動しているときは、軸受との摩擦熱を吸収し温度の上昇を抑制する役割があります。これによってすべり軸受の寿命を延ばしています。

ある機械で、電動機に設置されているサーマルリレーが作動していました。分解して内部を確認すると、回転子と固定子が接触して回転抵抗を受けながら作動していました。回転子のベアリングが繰り返しの荷重を受け、ベアリングが早期摩耗していたことが原因でした。ベアリングに繰り返し荷重が加わっていたのはファンにゴミが付着したためで、これがアンバランスを発生させていました。

ベアリングが早期摩耗している

玉の位置に偏りがみられる

電動機での軸受の破損

コンプレッサーの電動機で、サーマルリレーが頻繁に作動していました。電動機を分解して軸受を確認すると、軸受の保持器が破損し、玉が偏った状態で回転していたことがわかりました。エア漏れが多く発生し、コンプレッサーが連続運転をしていました。

固定子と回転子の接触による損傷

固定子と回転子の接触

写真の丸で囲った部分に、固定子に回転子が接触した痕跡がありました。回転子のベアリングが損傷したことで、回転子が固定子に接触していました。ベアリングが損傷した原因は、空気圧装置のエア漏れによってコンプレッサーが必要以上に連続運転したのが原因でした。

電動機の汚れにも注意

写真は、電動機の冷却ファンカバーの様子です。冷却ファンの回転方向に関係なく外気を吸い込む構造になっています。そのため、長く使用していると必ず、冷却ファン内部やカバーが塵などで汚れていきます。冷却ファンが汚れていると電動機の温度効果が損なわれ、機械の温度上昇につながります。

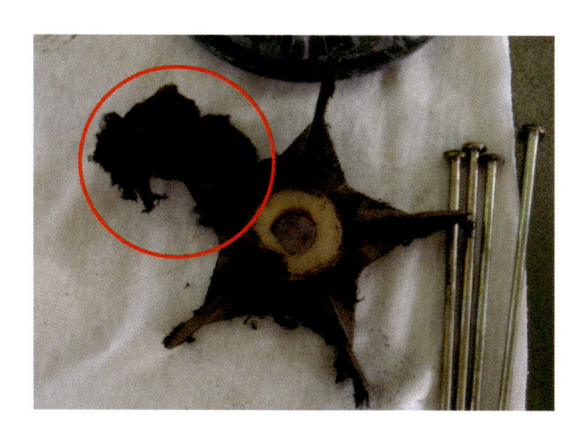

冷却ファンの汚れ

写真は、電動機に装着されている冷却ファンの様子です。冷却ファンが垂直な形状になっています。垂直になっているため、冷却ファンカバーと組み合わせることで、回転子の回転方向に関係なく冷却するための大気を吸い込む構造になります。そのため、汚れが付着しやすく、定期的な掃除が必要になります。

軸受の寿命と損傷（軸受のトラブル）

転がり軸受の構造と特徴・要求性能

　転がり軸受はすべり軸受と構造が異なり、玉や円筒ころが、内輪・外輪の中を転がることで回転しています。荷重方向は、「軸方向の荷重」と「垂直方向の荷重」「軸と垂直両方にかかる荷重」に分かれます。荷重の大きさと方向は、軸受が使われる設備の寿命に影響するため大変重要な情報です。また、軸受が使われる環境も重要です。特に電動機が温度の高い場所や低い場所で使われる場合、玉と内輪・外輪の隙間を考慮した軸受を選択する必要があります。

転がり軸受の損傷原因とメンテナンスのポイント

　転がり軸受が損傷する原因は、潤滑不良、繰り返しの荷重、組み付け不良などが考えられます。特に繰り返しの荷重がかかる場合、多くは軸の変形やアンバランスが起こっています。軸の曲がりの場合はダイヤルゲージなどにより曲がりや振れ測定を行い、規定値を超えている場合は修理や交換などを行います。回転物がアンバランスの場合には、繰り返しの荷重が軸受にかかるため、早期損傷につながります。

　同じ損傷を発生させないために、損傷の原因を的確に把握する必要があります。特に潤滑油の種類、軸と軸受のはめ合い、軸受にかける予圧などを的確に調整すること、潤滑油の選択が必要です。グリスのちょう度、基油の種類、極圧剤の種類など適切に選択することが必要です。特に潤滑剤では極圧剤の種類により高荷重においても耐久性のある軸受になります。軸受の種類によっては、使用時間や使用環境により洗浄油で洗浄し新しいグリスと交換する必要があります。軸と軸受のはめ合いは、軸やハウジングに特有の腐食物が無いかどうか確認します。軸やハウジングに軸受を挿入するときは、油圧プレスやベアリングヒータなどで、傷などをつけないように挿入する必要があります。

モーターのプーリを手で回すと、抵抗感がある状態でガラガラと異音をしながら回転していました。内部の回転子に取り付けてあるベアリングが、長期間にわたって使われていました。ベアリングが損傷していたため、モーターの回転中に異音が発生したのです。

ベアリングの回転不具合

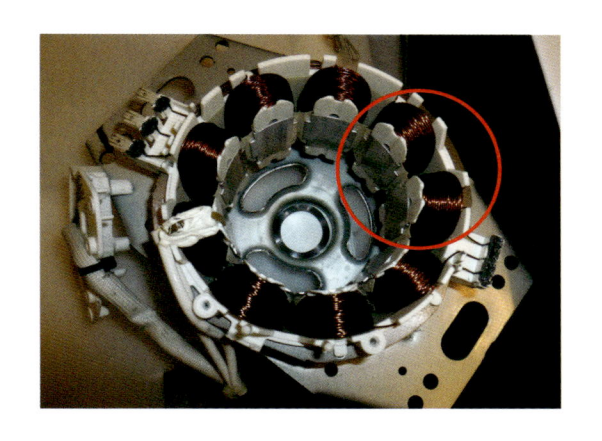

洗濯機のインバーターモーターから異音がしていたため、点検しました。モーターを分解して内部を確認したところ、回転子に装着されているベアリングがスムーズに回転しない状態になっていました。固定子のコイルの抵抗値とメガーで絶縁抵抗を測定して基準値内になっていることを確認しました。

ベアリングの損傷

モーターの回転子のベアリングから異音がしていたため、新品のベアリングと交換をしました。ベアリングが損傷している状態で機械を稼働し続けていると、回転子と固定子が接触した場合、電動機の損傷するおそれがあります。ベアリングから異音がしている時点でベアリングを交換することがモーターの延命につながります。

ポンプと電動機の異音

ゴム軸継手で接続されていました

油圧ポンプと電動機から異音がしていました。機械の保守メンテナンスを20年以上していない様子でした。ゴム軸継手を取り外して電動機の軸、油圧ポンプの軸を手で回して、どちらから異音があるか確認をしました。電動機内部の軸受が損傷していることがわかり、軸受を交換することになりました。

回転子の軸受交換

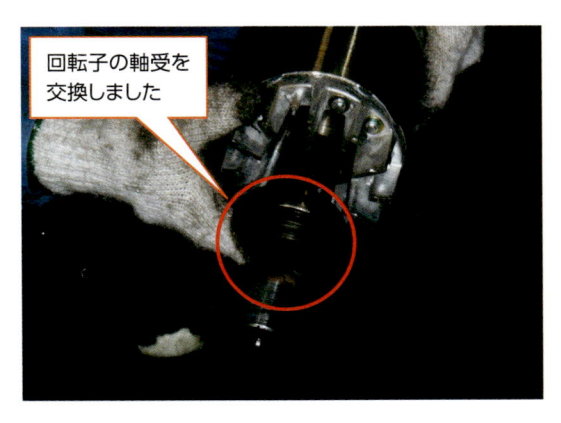

回転子の軸受を交換しました

電動機を分解して回転子の軸受を手で回して確認すると、軸受自体からゴロゴロと音がして、軸受がスムーズに回転しない状態でした。新しい軸受と交換を行い、固定子はメガーで絶縁抵抗を測定して絶縁劣化が起こっていないことを確認しました。正常範囲であったため、油圧ポンプに接続して継続して使用することになりました。

軸継手の種類と接続方法

　電動機の動力を伝達する場合、軸継手を用いる場合と、プーリやスプロケットを使用しVベルトやチェーンによって動力伝達をする場合があります。

軸継手の種類

　軸継手は固定軸継手、たわみ軸継手、自在軸継手に大別されます。固定軸継手は、軸や軸継手部がたわみやねじれ、正転逆転した場合にバックラッシュが起こってはいけない場所に用いられます。固定軸継手には筒形軸継手とフランジ軸継手があります。筒形軸継手は比較的小径の軸に用いられ、両端軸に筒状の継手をかぶせボルトで締結します。フランジ軸継手はフランジを両端軸に取り付け、ボルトで締結し動力を伝達します。

　たわみ軸継手には、フランジ形たわみ軸継手、チェーン軸継手、ゴム軸継手があります。フランジ形たわみ軸継手は、リーマボルトの回りにゴムなどの弾性体を組み合わせて軸とフランジのたわみとねじれを吸収し、軸心のズレを許容できます。チェーン軸継ぎ手は、チェーン用のスプロケットの付いた軸継手本体に2列のローラチェーンで結合し、動力を伝達する仕組みです。ゴム軸継手は、軸継手本体の結合をゴムの弾性体によって行う継手で、軸心が比較的大きくズレている場合でも吸収して動力の伝達を行うことができます。

チェーンやベルトによる動力の伝達と注意点

　伝達する軸間が大きい場合には、チェーンやベルトによって伝達します。チェーンやベルトはスプロケットやプーリなどに巻きかけて伝動されることから、捲掛け伝動装置と呼ばれます。プーリとVベルトで伝達する場合、伝動は主に平行な2軸間で行われています。Vベルトの断面は台形の形状をしており、ゴムの中に環状にした綿糸を綿布で包んだ構造です。電動機の動力をスプロケットとチェーンで伝達する場合、チェーンがスプロケットやチェーンホイールの動力伝達を行うため、すべりがなく、速度比が一定かつ強力な伝達が可能です。1ラインのチェーンでもピンの摩耗量は同じになりません。チェーンの伸びを測定するときは数箇所測定するのがベストです。摩耗するとチェーンが伸びたように見えるのは、摩耗分がガタになるためです。

ギヤ軸継手

チェーン軸継手

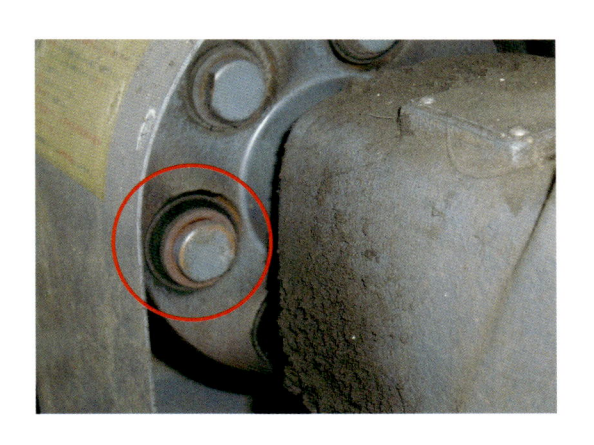

ボルトの腐食

フランジ軸継手のリーマボルトです。ボルト周辺に赤茶色の腐食物がありました。摩耗腐食がある場合、多くはフランジ軸継手が振動しています。メンテナンスでは軸心の確認、軸継手の軸穴加工の精度を確認する必要があります。

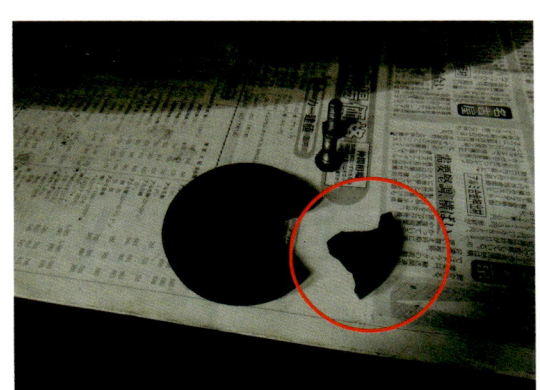

ゴム軸継手の損傷

電動機に接続されている軸継手を点検していました。写真のとおり、ゴム軸継手の緩衝材が損傷していたため、ゴム軸継手の緩衝材を交換しました。緩衝材が損傷した原因を調べることが重要です。

緩衝材の損傷の原因

緩衝材が早期に壊れる場合、軸継手の軸芯が中心からずれている可能性があります。軸心を規定値以内に調整しなければ、緩衝材を取り替えたとしても、また緩衝材が損傷してしまいます。根本となる原因を解消せず、損傷した部品をただ交換するだけでは、再発する場合が多々あります。

エンコーダーで回転速度・回転数を確認

軸継手に回転速度・回転数を計測するエンコーダーが接続されています。軸継手では回転精度が重要になります。軸継手にはディスクタイプやベローズタイプが使用されます。回転する用途によって軸継手も選択されます。

交流誘導電動機の保守保全方法

　交流誘導電動機の保守・点検の項目として、①固定子の巻線、②回転子の巻線、③固定子・回転子の鉄心、④回転子の軸、⑤軸受ハウジング、⑥集電装置部などがあります。

誘導電動機の保守・点検ポイント

①固定子の巻線は、コイルの緩み、変形・変色などの確認を行うと同時に、コイルを束ねる紐の緩みや切断などの確認を行います。三相交流電動機の場合、巻線の短絡を確認するには、テスタなどで3本の配線の組み合わせで導通確認を行います。3本の配線が互いに導通できない場合、巻線が断線している可能性があります。

②回転子の巻線は、かご型と巻線型で異なります。かご型は、ロータバーのアルミダイキャストの亀裂、冷却フィンの欠損や亀裂などを確認します。回転不良の場合は、バランス調整を行います。巻線型では巻線の絶縁や破損、緩み、変色や腐食などを確認します。スリップリングに接続されている配線の導通の確認を行い、破損があるか確認をします。

③固定子・回転子の鉄心は、変色や鋼板と鋼板の間にさびや変色、腐食がないかを確認します。また、回転子と鉄心が接触した傷がないか確認します。

回転子軸の保守・点検ポイント

④回転子軸は、軸の曲がり、キー溝の変形や摩耗、キーのガタや摩耗などをよく確認します。軸の曲がりはダイヤルゲージで確認を行います。キーが摩耗している場合は新しいキーへの交換が必要です。ガタがあるキーを使用し続けるとキー溝の変形や摩耗を起こし、電動機自体の交換が必要になります。

⑤軸受ハウジングは、軸受の回転がスムーズか、異音がしていないか確認します。軸受を取り外し、外輪・内輪の軸とハウジングに接触している部分の腐食を確認します。軸の直径、ハウジングの内径の寸法を確認し、基準値以上に摩耗している場合は交換が必要です。

⑥集電装置部は、スリップリングの偏摩耗や偏芯がないか確認を行います。偏摩耗や偏芯があると、カーボンブラシの接触不良を起こすおそれがあります。ブラシをスリップリングに押しつけるスプリングの破損や押し付け圧力の低下などもあわせて確認します。

大型電動機

ギヤ軸継手

ギヤ軸継手の点検

電動機が伝達しているギヤ軸継手の点検をしています。ギヤ軸継手の潤滑グリスが非常に傷んでいました。大型電動機の動力を伝達するために、ギヤ軸継手を介して減速機に動力が伝達されています。潤滑グリスは定期的な補充、または交換が必要です。

軸受の交換

電動機の軸受の交換をしています。電動機の軸継手に軸心ずれがあったため、電動機の軸受の点検と交換を行いました。軸受を回してみると、ゴロゴロと違和感がありました。この状態で軸受を交換せずに使用を継続すると、回転子と固定子が接触して電動機本体を損傷させてしまいます。

回転子の点検

電動機の回転子を点検しています。軸受が損傷すると回転子と固定子が接触してしまいます。接触しながら回転すると、回転抵抗が増え、電動機に過電流が流れます。過電流が流れるため電動機の損傷を防止するサーマルリレーが作動するか、作動せずに電動機が焼損するかのどちらかになります。

固定子の点検

電動機の固定子を点検しています。回転子が接触した痕跡が無いか、メガーで絶縁抵抗が正常値にあるか、相関抵抗の相違がないかなどを確認します。あわせて、コイルの絶縁ワニスが剥げていないかなどを点検しています。

回転子の軸受外輪のさび

軸受の外輪が茶色の錆が出ていました

回転子の軸受外輪に茶色いさびが出ている場合、電動機が稼働している時に回転子が振動しているおそれがあります。回転子が振動していることは、軸受自体の損傷やハウジングを損傷させる原因になります。回転子が振動する原因を取り除くことが再発防止になります。

直流電動機の保守保全方法

ブラシと整流子で点検内容が異なる

　直流電動機の日常点検では、ブラシと整流子をそれぞれ点検します。ブラシの日常点検では、ブラシの動きと摩耗度合い、集電用ケーブルの損傷と整流子面の条痕の有無、摺動音、ブラシ摩耗粉の堆積状態などの点検を行います。整流子の日常点検では、整流子片の間に挟みこまれているマイカが、必ず整流子片より低い位置になっていることを確認します。整流子片が摩耗するとマイカと同じ高さに近づきますので、マイカが整流子片より0.5mmから1.5mm程度低くなるよう調整します。また、整流子片同士が接触するのを防ぐため、整流子の面取りをします。整流子表面に条痕や膨らみ、変色などがある場合は旋削します。

　その他の直流電動機の点検項目として、回転子・固定子の巻き線や鉄心、軸受と軸があります。巻き線に塗られているワニスの変色や亀裂、巻き線自体の膨らみや腐食をよく確認します。直流電動機では、ブラシの摩耗粉が巻き線内部まで侵入している可能性があり、できるだけ除去します。

軸受の回転はスムーズか、異音はないか、腐食の有無も確認する

　軸受の点検では、軸受の回転がスムーズか、異音がしていないか確認を行います。軸受を取り外して外輪・内輪の軸とハウジングの接触部の腐食を確認します。腐食が発生している場合は軸の直径、ハウジングの内径の寸法を確認し、基準値以上に摩耗している場合には交換します。また、軸やハウジングの金属がスリップしながら擦られると熱が発生し、軸受のグリスが溶解して軸受や軸・ハウジング自体の損傷につながります。

　軸受は使用されている環境により、グリスの種類、シールの種類、内輪・外輪・ボールの隙間（すきま記号）などが異なります。必ず取り外した軸受と同じものを交換することが重要です。特に高温や低温で使用する場合、軸受の型番にあるすきま記号を指定して交換します。高温時には金属は膨張するため、隙間が少ないと金属同士が接触し焼きつきの原因になります。逆に低温時には金属が収縮し、隙間が大きくなりすぎて軸受にガタが生まれ、偏心する可能性があります。このため、軸受は内輪・外輪・ボールの隙間を調整した軸受を使用することが必要です。軸受番号の隙間記号（C記号）で表示されています。

直流モーターの回転子

直流電動機の回転子

直流電動機の日常点検では、整流子回りの点検と整流子にばねの力で押し付けられながら接触しているブラシの点検を行います。直流電動機の場合、稼働時間により機械的に設置した初期値が変化します。このため、稼働時間ごとに定期的な保守点検が必要になります。

直流モーターの整流子になります

直流電動機の整流子表面

整流子片そのものが伸び、ブラシの条痕が発生しているのが確認できます。整流子面をサンドペーパなどで旋削し、整流子と整流子とが接触しないように必ずアンダーカットを行います。また、整流子自体の真円が出ているかの確認を行い、必要に応じて修正を行います。真円が出ていないとブラシが浮き上がる原因になります。

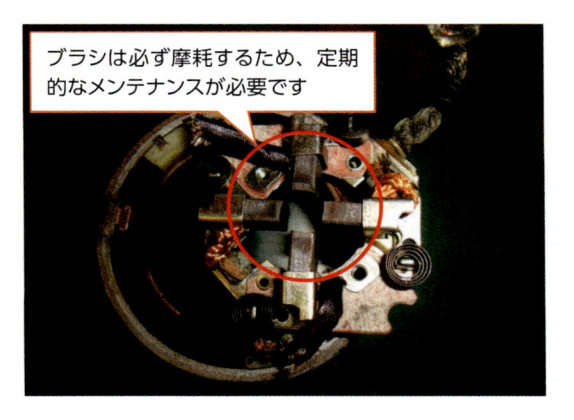

ブラシは必ず摩耗するため、定期的なメンテナンスが必要です

ブラシとブラシホルダー

ブラシは、ばねによって一定の力で整流子に押し付けられる仕組みになっています。このブラシがスムーズに動く必要があります。カーボンブラシは一定の圧力で整流子に押し付ける必要があるため、カーボンブラシがスムーズに稼働しない場合、回転不良を起こす場合があります。

カーボンブラシの摩耗粉

カーボンブラシの摩耗粉

直流モータブラシが摩耗した分だけ、モータ内部にブラシの摩耗粉が堆積します。定期的なメンテナンスで、ブラシの残量とブラシの摩耗粉を確認する必要があります。また、直流モータはブラシが絶えず摩耗する構造のため、ブラシと整流子の当たり具合は絶えず変化します。

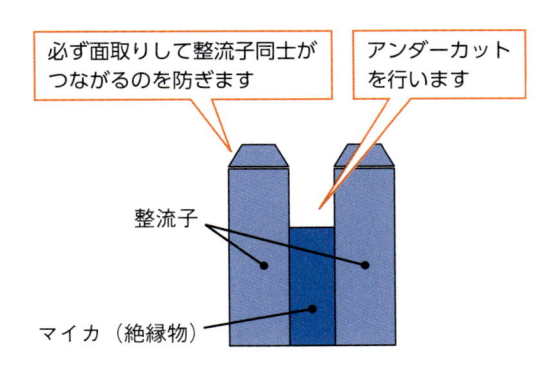

必ず面取りして整流子同士がつながるのを防ぎます

アンダーカットを行います

整流子

マイカ（絶縁物）

整流子の構造

整流子は、整流子片と整流子片の間にマイカが挟まれた構造になっています。整流子片よりマイカが低い状態になっている必要があります。整流子片が摩耗してマイカと同じ高さになったときは、マイカを切削し修正します。整流子片が摩耗し円周方向に伸びるのを防ぐために、先端の面取りも行います。

電動機の損傷事例

　電動機は大きく直流・交流の２つに区分されます。直流・交流電動機はメンテナンスが必要です。その際、必ず電動機が使用されている環境を考慮しながら、メンテナンスすることが必要です。特に、通常使用している電動機から異音や熱が発生したときにいち早く気がつくことが大切です。

電動機異常早期発見の４要素と対処

　電動機を現場で確認するときは、①電動機全体や軸周辺に油汚れはないか、②冷却ファンにごみやほこりが付着していないか、③回転中に異音が出ていないか、④回転中に振動が発生していないか、などをよく確認します。

　①電動機全体や軸周辺に油汚れがある場合、軸受のグリスが外部に溶けて出ているおそれがあります。軸受を潤滑しない状態で使用すると焼きつく可能性があり、内輪・外輪が固着して軸やハウジングなどが摩耗してしまいます。②冷却ファンにごみやほこりが付着している場合には、電動機全体の冷却が損なわれ、巻線の損傷や軸受のグリスの溶解につながります。　③回転中の異音は、軸受の損傷による場合と、固定子と回転子の接触による場合があります。軸受からの異音は軸受の早期交換で対応可能ですが、固定子と回転子の接触による場合は、電動機自体を交換しなければならなくなります。④回転中に振動が発生する場合は、締結ボルトの緩みや軸継手の軸心不良などを起こしている場合があります。振動の発生箇所を的確に調べて対処することが必要です。

電動機の冷却ファンのごみ詰まりによる不具合

　ある企業で、電動機のキーとキー溝に赤茶色の腐食物が付着していました。キーとキー溝が摩耗し、キー溝は変形していました。手で電動機の軸を回したところ、異音を出しながら非常に重い状態で回転しました。電動機全体と軸周辺は油汚れをしていました。

　冷却ファンを外して内部を確認すると、非常に多くのごみやほこりが冷却ファンに付着していました。電動機を分解して調べると、軸受が固着して軸と内輪がスリップしている状態でした。軸受の内輪は高温になった様子で赤紫色に変色していました。そこで、電動機を完全に分解して固定子の巻線の洗浄を行い、巻線の導通確認を行い、軸受を新品に交換をして再度組み立てました。電動機を回転させてスムーズに回転するかを確認し作業が終了しました。電動機の不具合は、冷却ファンに長期間にわたってごみやほこりが堆積し、電動機の冷却効果が不足したことが原因でした。

ほこりが付着した冷却ファン

電動機の油汚れ

交流誘導電動機全体が油で汚れていました。また、電動機の軸にも油が付着して大変汚れていました。そこで、三相交流誘導電動機の強制冷却ファンを外して内部を確認しました。すると、内部のファンにほこりが大量に付着していました。そのため、電動機全体が冷却不足になり、電動機が発熱していました。

交流誘導電動機の固定子

大変多くのごみやほこりが付着している様子がわかります。内部を洗浄し巻線の導通確認を行い、軸受を新品に交換しました。交流誘導電動機は稼働時間に伴う消耗品が少ないため、保守管理を見落としがちになります。電動機を長く使用するには、日常の保守管理が大切であることがわかります。

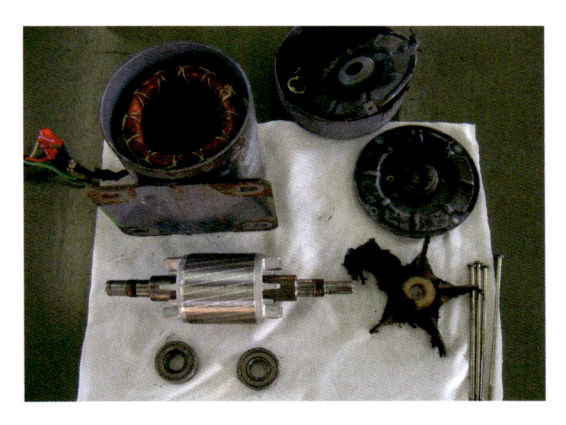

冷却不足による焼きつき

動かなくなった電動機を分解して内部を確認すると、回転子の軸受が固着していました。電動機内部の冷却ファン、回転子、固定子、エンドカバー、軸受などを調べました。冷却ファンにはごみが大量に付着していました。軸受のグリスが溶けてエンドカバーに付着していました。軸受は駆動側が固着して焼きついていました。

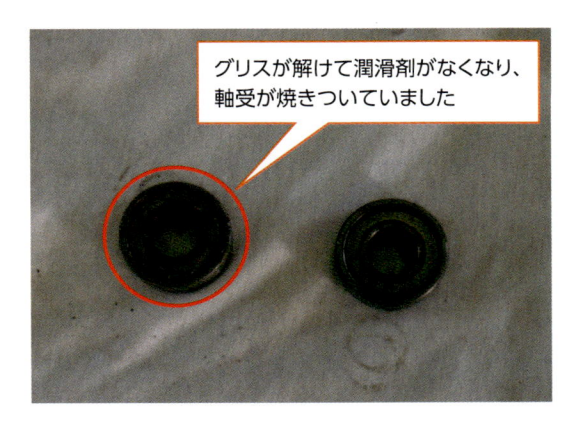

グリスが解けて潤滑剤がなくなり、軸受が焼きついていました

グリスが溶け出たことによる焼きつき

写真の左側はキーが付いている軸側です。軸受の内輪は紫色に変色し、軸受に封入されている潤滑グリスが外に出てきていました。軸受を手で回転させてみると、非常に固く固着している状態でした。グリスが無くなり冷却不足となったため軸受が損傷していました。右側の軸受は、冷却ファン側についていた軸受です。

第 7 章

センサと保全作業

センサの種類と用途

　センサは機械や製品の動きや位置、製品の有無などを検出し、制御装置の入力信号として処理されます。センサには、オン・オフのセンサのほかに、電気で抵抗が変化するセンサ、起電力を発生するセンサなどがあります。機械設備や装置の自動化が進むほどセンサは重要になり、センサの性能が自動化を進めるうえで大きな要素になります。

検出センサに要求される性能

　検出センサに要求される性能として、①信頼性が高いこと、②経年劣化に強いこと、③感度が高いこと、④耐環境性に優れていること、⑤再現性があることなどが挙げられます。接触型センサと非接触型センサに大別され、接触型センサには、マイクロセンサ（位置）、リミットスイッチ（位置）、温度センサ（温度）、圧力センサ（圧力）などがあります。

　マイクロセンサ（位置）は接触式の代表的なセンサです。往復運動するアクチュエータの場合、マイクロセンサはアクチュエータに付けられたドグによって作動します。マイクロスイッチは往復運動するアクチュエータの動作とは無関係に、ドグに反応して作動します。これはスナップアクション機構と呼ばれます。リミットスイッチ（位置）は、水やオイル、粉塵などにさらされる環境でも使用可能であるため、樹脂や金属性などのケースに組み込まれています。

非接触型センサの種類と特徴

　非接触型センサには、近接センサ（位置）、光電センサ（位置）、赤外線センサ（温度）などがあります。近接センサ（位置）は、物体を非接触で感知するセンサです。検出方法は磁界と電界を利用したものがあり、磁界の場合は主に金属物体、電界の場合は物体の材質に関係なく作動します。

　光電センサ（位置）は、投光器から出された光を受光器で検知する構造になっているため、被検出体が金属である必要はありません。しかし、光を透過してしまう物質では影響を受けやすい欠点があります。また、投光器や受光器が汚れると、感度が著しく低下します。光電センサは、透過型と反射型に区別されます。透過型は、投光器と受光器が対向して設置されており、投光器と受光器の間を通過する光が遮られることで物体を検出します。反射型は、一般的に投光器と受光器が一体型になっており、投光器から出た光を反射させて受光器で受光する方法と、光を直接被検出物に反射させて受光する方法があります。

ピストンに取り付けて
あるマグネットが反応
する近接センサ

空気圧シリンダの近接センサ

空気圧シリンダはアルミニウム製で、ピストン部分にマグネットが組み込まれています。シリンダ外部に設置された近接センサはマグネットを検出し、ピストンの正しい位置を検出します。近接センサを組み込むときには、ピストンに設置されたマグネットの位置と近接センサの位置を確認しながら組み付けることが必要です。

ドグ

この写真ではドグが
直角についています

マイクロスイッチに必要なドグ

ドグは通常30°から60°の範囲で傾斜が付いています。ドグが移動する速度が速ければ30°、遅い場合は60°で設置します。ドグがローラアームを押し曲げることによって、リミットスイッチを作動させます。切削くずがあると、ドグに接触しない位置でリミットスイッチが作動する可能性があるため、切削くずなどが入らない構造にします。

生産設備にある
近接センサ

エアシリンダに取りつけた近接センサ

生産設備にある、近接センサを取り付けたエアシリンダです。センサで感知した信号が制御装置で、次にアクチュエータを稼働させる順番を決めています。センサは制御装置に信号を送る役割をしています。

クランクの上死点・下死点
を確認しています

クランク位置確認用のセンサ

クランクプレス機のクランクの位置を確認するセンサになります。クランクプレスの上死点・下死点の位置を正確に確認するために稼働しています。センサが感知する位置でクランクプレスを稼働させる制御を行っています。

センサの取り付け方

　センサを取り付けて作動させるときに要求される際には、①再現性や精度・信頼性が高いこと、②感度が高いこと、③耐環境・経年劣化に強いこと、などが要求されます。

センサを取り付けるときの注意

①センサは必ず同じ動作を感知する必要があります。センサが感知する位置、温度、圧力など、同じ条件であれば確実に作動することが必要です。数千回、数万回作動しても必ず同じ動作で感知できなければなりません。センサが取り付けられている状態も含め、センサ自体が振動やノイズの影響を受けても、必ず同じ条件で作動する必要があります。

②近接センサ、光電センサなどを取り付けるときは、周囲の環境に配慮する必要があります。光電センサは、投光器、受光器がごみやほこりなどによって汚れるとセンサが誤動作するおそれがあります。センサを選ぶ際に、投光器や受光器周辺の環境を考慮することが重要です。

③センサが取り付けられている箇所に水や油、酸性やアルカリ性などの物質があると、センサ内部が腐食し、劣化を早める場合があります。センサ内部の腐食を防ぐため、センサのカバーなどが耐薬品性に優れた素材で作られている必要があります。また、水分や油などがセンサ内部に入らないように密封することも必要です。

リミットスイッチのしくみと動作

　リミットスイッチなどのセンサでは、センサを動作させるためにドグが必要です。ドグはリミットスイッチに取りつけられたアームなどが接触すると同時に、スイッチを作動させる構造になっています。ドグの形状は台形や三角形などをしており、リミットスイッチに取り付けられたローラアームがドグに接触することでリミットスイッチを作動させる構造になっています。

　ドグの角度は通常30°から45°の傾斜のものが用いられていますが、なかには90°のものもあります。角度はリミットスイッチのローラアームがドグに接触するまでの速度によって変わります。リミットスイッチのローラアームがドグよりも極端に遅い速度（0.05m/秒以下）で接触する場合には90°で作動させても問題ありません。速度が0.1m/秒以上であればドグの傾斜角度を60°に、そこから速くなるにつれて45°に近づけて設置します。これは、リミットスイッチのローラアームがドグに接触したときに、衝撃により損傷することを防ぐためです。

ドグの角度

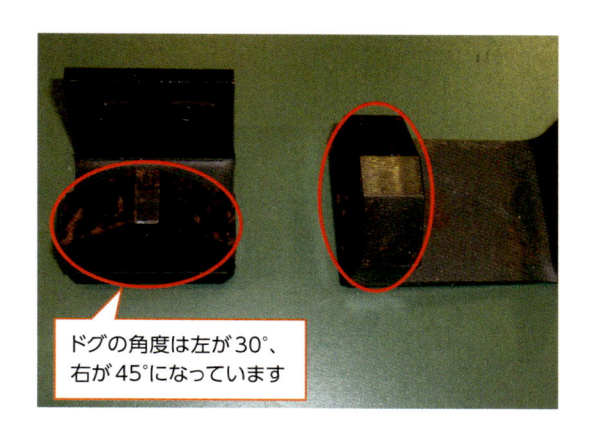

ドグの角度は左が30°、右が45°になっています

リミットスイッチを正しく作動させるには、リミットスイッチとドグの接触部分を破損させないようにする必要があります。そのためにはドグが動く速度とドグの角度を適切に選択する必要があります。通常、ドグの動く速度は0.5m/秒で、ドグの角度は30°から45°の範囲で使用されています。

円形状になっているドグ

ドグが回転しながら、リミットスイッチを押し上げて作動させる構造です。回転数が早すぎてリミットスイッチがドグを乗り越えたときに、ローラやリミットスイッチに衝撃がかからないように設置します。円形状のドグの場合、リミットスイッチを作動させるローラ部が回転不良を起こさないように注意が必要です。

センサが左右に動く構造の設備

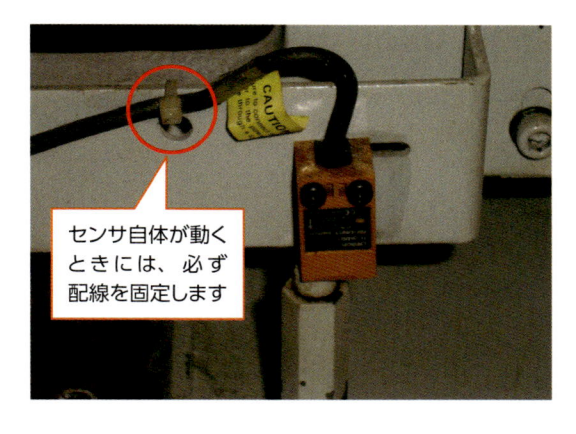

センサ自体が動くときには、必ず配線を固定します

センサと配線の接続部分が損傷を起こさないように、センサ自体が動いても配線の接続部分は動かないように固定します。センサを取りつけ固定しているボルトなどが緩んでセンサが誤作動しないよう、確実に取りつけることが必要です。

光電センサ

このボルトを支点にして光電センサが回転します

センサをホルダーで確実に固定します

光電センサには投光側と受光側のセンサがあり、受光側に入るレーザー光を確実に感知できるようにします。そのため、センサを固定しているボルトなどが振動などで緩まないようにしっかりと固定します。また、センサ自体にも投光側と受光側のレーザー光を感知できるようにするための調整機能が備わっています。

センサの選択方法

生産設備の自動機には、多種多様のセンサ類が取り付けられています。センサから得られた情報は制御装置によりアクチュエータに伝えられ、その指示によって適切な動作が行われます。

光電センサと近接センサ

生産設備で通常一般的に用いられているセンサは光電センサ、近接センサです。光電センサには透過型と反射型があります。透過型は、透明のガラスやプラスチックを除いて、すべて検出可能です。物体の有無や状態の変化などを、物体に接触せずに検出可能です。また、物体を検出する反応速度が速く、検出距離が長く設定できる特徴があります。反射型は通常投光器と受光器が一体になっており、投光器の放射範囲と受光器の受光範囲が重なる範囲が検出範囲です。近接センサは、被検出物体が近づくとその物体を感知し、情報を出力する構造です。近接センサは、金属、磁気、非金属の3種類の検知に大別されます。

生産設備で使用されるセンサ

温度センサや圧力センサなども生産設備に用いられています。温度センサは温度を測定して制御装置に情報を伝達します。温度センサには、熱電対を利用したものとサーミスタを利用したものの2種類があります。熱電対は、2種類の金属導体を接続して閉回路を作り、接続した両端に温度差を与えると回路に起電力が発生し、電流が流れる現象を利用したものです。この起電力の大きさは、導体の長さや太さと関係なく、接続した両端の温度差だけで決まります。

サーミスタは温度変化により電気抵抗が変化する現象を利用しています。電気抵抗は通常、温度が上がると大きくなりますが、サーミスタの場合は温度が上がると低下します。この特性を利用して温度を検出します。このほか、圧力センサはセンサがひずむことで電気抵抗が変化する性質を利用します。

自動車の電子制御燃料噴射装置の例

自動車に設置されている電子制御燃料噴射装置は、燃焼させる空気の容量、空気の温度を正確にセンサで測定します。そのうえで、適切な空気の量と燃料を霧状にしてシリンダ内に供給し、適正な圧縮をかけたあと、点火させる構造になっています。適切な圧縮をかけるため、近接センサによりピストンが往復する最適位置を検知します。その情報は内蔵されているコンピュータに送られます。コンピュータは点火プラグに最適な燃焼状態で点火する指示を出し、燃焼効率を向上させています。

光電センサの原理

透過型

投光器　　　　受光器

検出物体　透明な物体は判別不可能

限定反射型

投光器

検出物体　　　受光器

検出する物体の表面からの反射の大きさに関係なく、一定の限られた範囲の検出エリアを持つため、背景の影響を受けません

反射型

・拡散反射型

投光器
受光器

検出物体　物体が光を反射するものなら透明検出物体でも判別可能

・回帰反射型

投光器
受光器

リフレクター

検出物体　光軸の調整は片側だけで行います

カムポジション
センサ

カムポジションセンサ

写真は自動車車両に使われているカムポジションセンサです。エンジンのカムシャフトの位置とピストンの位置などを確認し、スパークプラグや燃料噴射のタイミングを調整して最適な状態でエンジンコントロールしています。

タイミングベルトとクランク角センサでクランクプレスの位置を確認しています

プレス機のクランク角センサ

生産現場にあるクランクプレス機です。タイミングベルトで回転されたクランク角センサがクランクプレスの位置を確認し、クラッチの接続を稼働させています。自動車で使われている近接センサと同じ構造になっています。

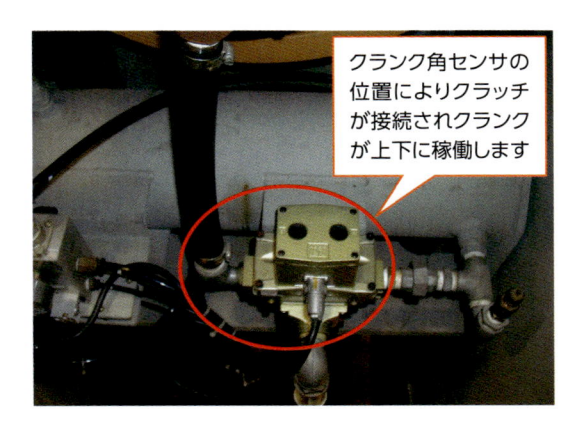

クランク角センサの位置によりクラッチが接続されクランクが上下に稼働します

センサでソレノイドバルブの動作を制御する

クランク角センサで感知した信号でエアソレノイドバルブの作動を行い、エアクラッチの接続を行っています。クランク角センサなどを作動するためには、回転精度が重要になります。ベルト駆動であればタイミングベルト、軸継手関係ではディスクカップリングなどが使われています。

第**7**章

センサと保全作業

113

アクチュエータとセンサ

　アクチュエータとは空気圧装置や油圧装置において、仕事や動作をする装置です。したがって、空気圧装置なら空気圧シリンダや空気圧モータ、油圧装置なら油圧シリンダや油圧モータを指します。センサはアクチュエータの動きや動作を制御する役割をします。空気圧シリンダや油圧シリンダには近接センサやリミットスイッチが用いられています。

空気圧シリンダに用いられている近接センサ

　近接センサがシリンダの両末端に設置されている場合は、空気圧シリンダのピストン位置を検出しています。また、シリンダの中央付近に近接センサが設置されている場合は、空気圧シリンダが動き出したときに、ピストンが確実に動作しているかどうかを検出しています。万が一、空気圧シリンダが故障して途中で停止してしまったときなど、他の空気圧シリンダが損傷しないように制御している場合もあります。

　また、空気圧シリンダにはクッション機能を有しているタイプもあります。クッション機能はピストンが末端に近づいたときに、ピストンを減速させ空気圧シリンダの衝撃を少なくする目的があります。クッション機能を調整するクッションバルブを全閉にすると、ピストンが末端まで来ると、停止するか速度が極端に遅くなります。そのため、適切な位置に取り付けられていないと、近接センサの作動が遅れる可能性があります。

センサ、アクチュエータ、メカニズム、制御装置の一本化

　製造設備に必要なものは、センサ、アクチュエータ、メカニズム、制御装置、そして製品を切断、つかむ動作をする装置など、一連の流れが非常に重要です。一連の流れがよくなければ、製造装置として成り立ちません。各ユニットが正確に作動して不良品を出さないことが、効率のよい製造装置の条件です。

　装置のメカニズムは製造される製品の材質、形状、重量、硬さなどを考慮しながら構築されます。たとえば原材料が長い布、フィルム、紙などであれば、原材料を一定の張力で引っ張ることが必要です。この場合、空気圧装置、電磁クラッチやブレーキなどの力を利用して、一定の張力を保つ必要があります。製造装置に必要なメカニズムは、作られる製品の原材料の特徴をよく理解し、製造される原材料に適した方法を選択して構築する必要があります。

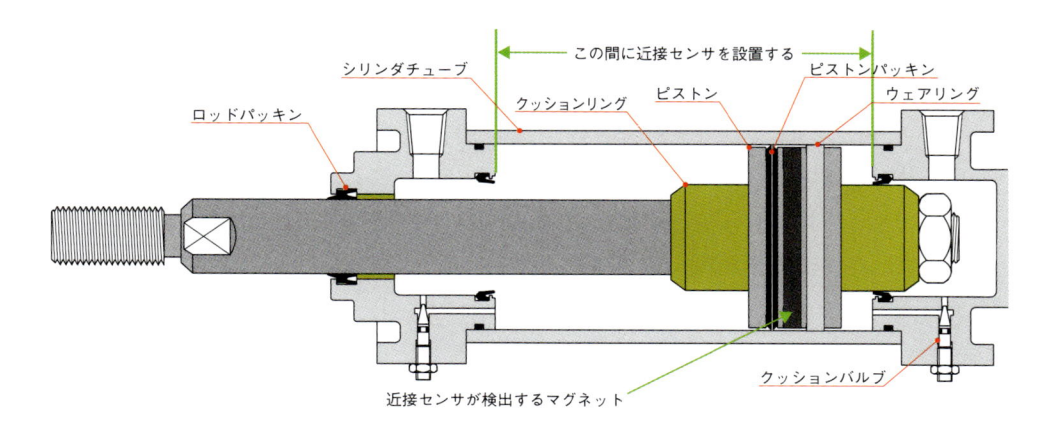

この間に近接センサを設置する
シリンダチューブ
ロッドパッキン
クッションリング
ピストン
ピストンパッキン
ウェアリング
近接センサが検出するマグネット
クッションバルブ

空気圧シリンダの内部構造

空気圧シリンダには圧縮空気が流量を制御しながら注入されます。ピストンにはマグネットが設置されていて、ピストンと同時に動きます。シリンダに設置された近接センサはマグネットを検出して作動します。

近接センサは、空気圧シリンダが動く範囲で設置されます。クッションバルブが全閉になっている場合には、ピストンが末端に近づくと速度が極端に遅くなり、停止してしまう場合もあります。その場合にも近接センサが反応して誤動作につながります。

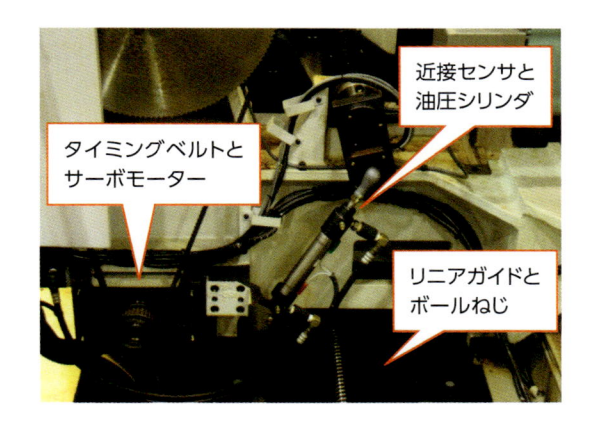

近接センサと油圧シリンダ

タイミングベルトとサーボモーター

リニアガイドとボールねじ

油圧シリンダと近接センサ

油圧シリンダのピストン部分にはマグネットが設置されています。近接センサがそれを感知し、制御装置で制御しています。製品、センサ、アクチュエータ、メカニズム、制御装置は一連の流れで製品を作っています。この中の要素が1つでも欠けると、その生産装置では生産できません。

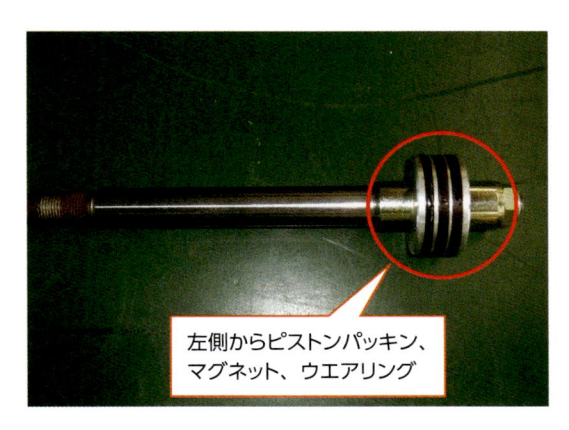

左側からピストンパッキン、マグネット、ウエアリング

ピストンのセンサ部

エアシリンダのピストンにあるマグネットがセンサ部分です。ピストンが稼働している位置を近接センサで感知して、電気信号を制御装置に送ります。ピストンの位置に応じて、制御装置から次に稼働させるアクチュエータへ電気信号を送り、順序制御をされます。

センサの誤作動

　センサには、温度、湿度、気体の状態から位置や物体の有無まで、計測したいものに応じてさまざまなセンサが使用されています。センサが誤作動を起こさないようにする必要があります。

　センサが誤作動する原因を特定するには、センサ本体だけでなくセンサが接続されている配線、センサが設置されている環境を含めて考える必要があります。センサの誤作動が発生する場合には、近接センサ、光電センサ、O_2センサなど、測定したいものに応じて正しいセンサで測定しているかどうかも確認します。

近接センサの誤作動

　近接センサでは、接続されている配線が外部からノイズなどの影響を受けていないか、配線が設置されている周囲に強い磁界がないかなどをよく確認します。ノイズなどの影響を受けるとセンサの作動が不安定になる場合があります。また、センサに接続されている配線に磁石を近づけたり遠ざけたりすると、磁力線の影響で電流が流れます。この現象を電磁誘導と呼びます。電磁誘導による電流は誤作動の原因につながります。センサやセンサに接続された配線などが磁石や磁界の影響を受ける場合、誤作動を起こすおそれがあります。

磁石の影響による誤作動

　より線などが2本平行に並んで配線されている場合と、2本のより線をねじりながら1本にした配線では、磁石などの影響を受ける要因が異なります。1本の電線を電圧計のプラス・マイナスに接続し、馬蹄形磁石を近づけたり遠ざけたりを繰り返すと、電圧計の指針がプラス・マイナスを繰り返すように動きます。すなわち、電圧計に接続された配線に電流が流れていることになります。馬蹄形磁石をゆっくり動かすと電圧計の指針はゆっくり動き、馬蹄形磁石を早く動かすと電圧計の指針は早く動きます。電線には、馬蹄形磁石の電磁誘導による電流が流れていることになります。

　次に電圧計に配線している電線を中央で曲げ、両方の電線をよって、馬蹄形磁石を近づけたり遠ざけたりした場合、電圧計の指針は動かなくなります。電線をねじることで電線に発生する磁界が打ち消し合い、電流が流れなくなります。一方、電線が平行に接続されている場合には、磁界の影響を受ける可能性があります。平行に並んで高い電圧が流れる配線には、電線の配置や磁界の影響を受けないようにする工夫が必要です。

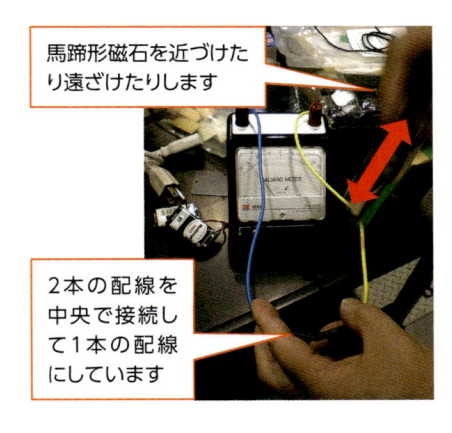

馬蹄形磁石を近づけたり遠ざけたりします

2本の配線を中央で接続して1本の配線にしています

電磁誘導による影響

電磁誘導により、検流計の針が振れています。これは電線に電流が流れている証拠です。電線が単線の場合、磁界の影響を受けやすくなります。電線に電流が流れるということは、すなわち電線がノイズを受けていることになります。磁界の影響を受けるセンサでは、この磁界が誤作動を起こす要因になります。

2本の電線をねじった状態

電線をねじった状態で接続

2本の電線を並列に接続するか、2本の電線をねじって1本にしているかで、電線が受ける磁界の影響が異なります。電線に電流が流れると、電線自体に磁界が発生します。電線から発生する磁界と電線の周囲にある磁界の影響によって、磁界の影響を受けやすいセンサなどは誤作動するおそれがあります。センサの周囲を磁界の影響を受けないようにする工夫が必要です。

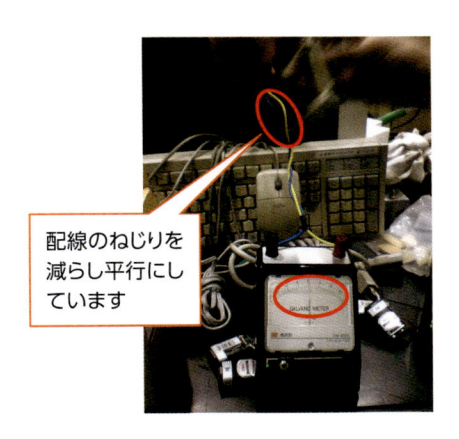

配線のねじりを減らし平行にしています

ねじり量を減らしたときの影響

上の写真よりも配線のねじりを少なくして、配線を平行にしています。この状態で馬蹄形磁石を近づけたり遠ざけたりすると、検流計の指針が少し触れるのがわかります。磁界の影響を受けないようにするには、配線を確実に処理する必要があります。

エアシリンダに設置された近接センサ

センサの配線切断

設備が動かなくなった原因を調べていました。その結果、近接センサの配線が切れていたことがわかりました。シリンダ自体が上下に動く機械で、センサの配線が稼働することでセンサの配線が特定箇所で屈折していたため、配線が折損したのでした。センサの配線を設置する場合は、特定箇所で屈折しないように取り付ける必要があります。

センサの損傷事例

　自動機では、センサが位置や温度、圧力などを正しく感知して情報を制御装置に送り、制御装置から最適な指示をアクチュエータなどに送信することで正常に動作します。また、アクチュエータが正確に作動するためには、機械的な操作が必要です。機械的操作をメカニズムと呼び、カムやリンク機構、タイミングベルトなど、多種多様なメカニズム機構が使用されています。自動機では制御装置、センサ、アクチュエータ、メカニズムなどが正確に作動することが必要で、この中の1つでも機能しないと、効率のよい自動機ではなくなってしまいます。

ねじの緩み1つで生産がストップ

　製品を製造している自動機が急に動かなくなったと相談を受けました。自動機は空気圧シリンダとアクチュエータを組み合わせて、布を巻き取り一定幅で輪切りにする装置で、突然動かなくなったということでした。

　制御装置には、位置検出のための近接センサ・光電センサと、製品が通過したかどうかを検知する制御装置が組み込まれていました。そこで、製造装置の通常の動きを確認しながら空気圧シリンダを確認しました。すると、6本目の空気圧シリンダを確認中に、近接センサを止めているねじがゆるんでいることを発見しました。ねじが緩み近接センサの位置がずれたために、順番に動作するはずの空気圧シリンダの一部が停止していたのでした。センサの取り付けボルトを締め直して自動機を再起動すると、正常に稼働を始めました。

センサの前の障害物が性能に影響する

　車を車庫から出そうとしたときに起こったできごとです。シャッタを開けて車を外に出し、シャッタを閉めようとスイッチを押しましたが、ある位置で止まり、元の位置に戻ってしまいました。

　何度か試して同じ位置でシャッタが上がることを確認したため、その周辺を調べると反射型の光電センサがあることがわかりました。周囲を確認すると、センサの投光器と受光器にクモの巣があり、昆虫がひっかかっていました。クモの巣を取り払ってシャッタを下げるスイッチを押すと今度は何事もなく正常に下りました。センサの投光器から出た光を、受光器が正確に受光できなかったために起こった故障でした。トラブルに直面した場合でも冷静になって装置が動作する原理を考え、その原因を突き止めることが大切です。

扉を開閉させる
光電センサ

シャッタに設置された光電センサ

光電センサは投光器と受光器があり、投光器から出た光を対向して設置された受光器で受光する構造になっています。受光器に光が届かない場合は障害物があると判断し、シャッタの安全装置が働く構造になっています。

光電センサの
受光側です

光電センサの受光器の反射板

投光器から受光器の反射板までの距離は、ここでは約7メートルありました。投光器と受光器の間のエリア内に障害物があるかどうかを確認するために使用されます。投光器から出る光は肉眼では見えません。おもに安全装置として作動しています。

受光側で感知した信号を送信し、モータを制御します

センサの情報をもとにシャッタを作動

光電センサから受け取った情報によって制御装置が作動し、アクチュエータを稼働する構造になっています。ここではモータによりシャッタを下ろす動作をしますが、センサの光が遮られるとモータが逆回転して上がるようになっています。

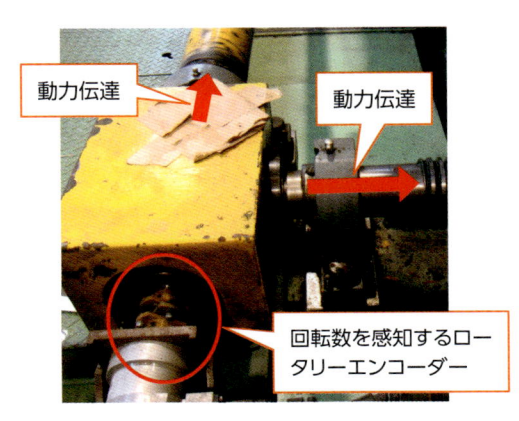

動力伝達

動力伝達

回転数を感知するロータリーエンコーダー

ロータリーエンコーダーの誤差

電動機の回転数を2方向に動力伝達する装置で、電動機の回転数と移動した距離に誤差が発生していました。ロータリーエンコーダーに接続しているディスクカップリングにガタがあり、ロータリーエンコーダーに伝達する実際の回転数と差が出ていました。軸継手の保守メンテナンスや定期的な交換が必要になります。

電気的トラブルのなぜなぜ分析

　生産設備が故障した場合、原因を特定して恒久的に対処する必要があります。ただ単に故障した設備の故障部品を交換するだけでは、再度故障する恐れがあります。なぜ故障したのかを、①症状・状態・現象、②原因、③対策・恒久改善、の3つに分けて考えていきます。なぜ故障したのかの原因を「なぜなぜ分析」によって5回、6回と深堀りすることで、故障した真の原因を見つけ出すことができます。「なぜ」を1回だけで判断して対処を行っていると、真の故障原因を見つけ出せなくなります。

　ある会社で、三相交流誘導電動機が燃えるトラブルが起こり、なぜ燃えたのか相談がありました。三相交流電動機を分解して内部を確認すると、固定子のコイルだけ焼損していました。すなわち、固定子のコイルに過電流が流れていた恐れがありました。

　そこで、なぜ固定子のコイルに過電流が流れていたかを考える必要があることを伝えました。稼働中の電動機のコイルが焼損した場合、電流を流す回路の一部が電動機に供給されていない、欠相運転が起こっているおそれがあります。欠相運転が起こっている場合、電動機に軽負荷運転している場合には、過負荷保護装置（サーマルリレー）が作動せず、欠相運転を持続してしまいます。そのため、コイルに過電流が流れてコイルを焼損させてしまっていたのでした。

　三相交流誘導電動機が欠相運転している場合、電動機の運転は、振動しながら右回転、左回転、停止を繰り返します。最初に電動機の状態を確認することで欠相運転かどうかがわかります。

コイルが焼損
しています

コイルの焼損

写真のとおり、三相交流誘導電動機のコイルが焼損していました。焼損はコイルだけに起こっていました。コイルが焼損している場合、電動機の回路一部が欠相している恐れがあります。そのため、配線などの欠相している箇所を探します。

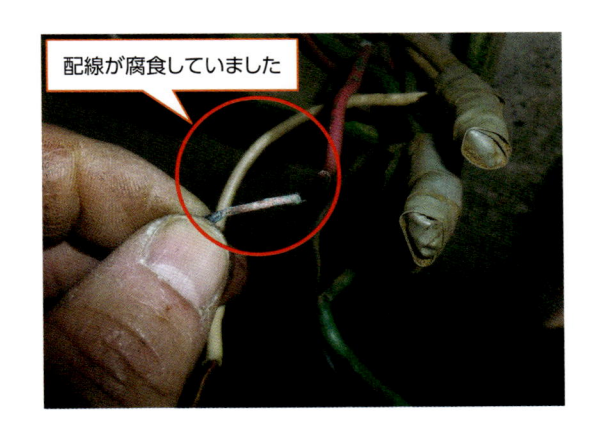
配線が腐食していました

配線の腐食

電動機が焼損した電源を確認すると、三相交流誘導電動機200Vの配線のうち、1本が腐食して電流が流れていない状態になっていました。電源内部で欠相になっていました。電動機が欠相運転状態になっていたため、電動機のコイル部分が焼損しました。

マグネットスイッチの接点に接触不良箇所がありました

スイッチ接合部の接触不良

天井走行クレーンで使用されていたマグネットスイッチです。クレーン操作などでインチングを多用して操作をしている場合、マグネットスイッチの接点部が傷みやすくなります。作動時間に応じて、定期的にマグネットスイッチの交換が必要です。

電気保全のなぜなぜ分析

	症状・現象・状態	原因	対策・恒久改善
1回目	なぜ、集塵機の電動機から煙が出て燃えてしまったのか	電動機を分解して内部を確認すると、固定子のコイルが燃えて焼損していたから	電動機の軸受や回転機械の回転抵抗などに問題がないか確認した
2回目	なぜ、固定子のコイルが燃えて焼損していたのか	固定子のコイルに過電流が流れて焼損していたから	電動機のサーマルリレーや電動機の回転抵抗が正常か確認した
3回目	なぜ、固定子のコイルに過電流が流れて焼損していたのか	電動機に電流を送る回路が欠相になっており、電動機の固定子に過電流が流れたから	マグネットスイッチや配線などが欠相していないか確認した
4回目	なぜ、電動機に電流を送る回路が欠相になっていたのか	電動機のマグネットスイッチ内部で接点不良を起こしていたから	マグネットスイッチなど、接点不良が起こっている部品を交換した
5回目	なぜ、電動機のマグネットスイッチ内部で接点不良を起こしていたのか	電動機の起動停止が多く、マグネットスイッチの接点が摩耗していたから	マグネットスイッチの各接点の導通確認をおこない、接点不良がある場合、マグネットスイッチを交換した
6回目	なぜ、マグネットスイッチの接点が摩耗していたことに気が付かなかったのか	マグネットスイッチの耐用稼働に応じた点検と交換をしていなかったから	電動機の起動停止が多い電動機のサーマルリレーを定期的に交換することにした

電気保全を習得する上で必要な項目

　生産設備は多種多様な機械要素部品、電動機、センサ、リレーなどから構成されています。　生産設備のメンテナンスや保守管理を行うには、幅広い知識や技能が必要です。電気保全に従事する作業者は、電気保全分野の知識だけでなく、機械保全分野の知識が求められることもあります。①電気設備を安全に点検できる能力、②電気設備の故障個所を安全にトラブルシューティングできる能力、③電気設備を適切に分解・組み立てできる能力、④電気設備だけでなく生産設備全体の稼働状態を判断する能力、⑤現存の設備をよりよい稼働状態に改良できる能力などが求められます。

設備の点検、分解の前に実施する安全確認

　生産設備の電気設備を分解や保守点検を行う前に、必ず安全確認を行います。安全確認では、どの設備に配電されているか、整備する設備は電流が確実に遮断されているかを確認します。また、絶縁手袋、絶縁工具などを適切に取り扱う必要があります。

　実際に設備を分解・整備する前に、担当者と生産設備についてよく話し合います。まず、これから分解整備する電動機、センサ、リレーについて、担当者がどの程度理解しているかを一覧表に書き出します。その一覧表をもとに、設備担当者全員で分解・組立・調整の難易度を決め、必要な知識・技能を再確認します。一見無駄な作業に見えますが、必要な知識・技能を把握することで、確実に知識伝承を進めることができます。

分解・整備・調整に必要な知識・技能の洗い出しのコツ

　生産設備に必要な電気保全分野の知識・技能を洗い出す際に、知っていること（知識）と、できること（技能）に分けて書き出すとわかりやすくなります。また、要素部品などの材質・構造・用途まで深堀することが必要です。技能は、最低限実作業ができることが必要です。その他、要素部品の見方・考え方・判断なども必要です。例として、制御装置のセンサについて必要な知識・技能を洗い出してみましょう。

（1）リミットスイッチの構造と用途を知っている
（2）リミットスイッチの取り付け調整ができる
（3）リミットスイッチのトラブルについて知っている
（4）近接センサの構造と用途について知っている
（5）近接センサの取り付け調整ができる
（6）近接センサのトラブルについて知っている
（7）光電センサの構造と用途について知っている

　このほかにも数多くの必要な知識・技能がありますが、洗い出す数や難易度は会社の設備ごとに異なります。これは、作る製品に対して求められる品質や精度が違うためです。機械要素部品、電動機、センサ、リレーごとに必要な知識・技能を洗い出します。

令和７年度　電気保全　「研修項目一覧表」

製作者：竹野俊夫

＊語句の表現説明：「○○できる」＝実技で指導します。　「△△を知っている」＝講義法や資料提供で指導します。

	水準	ABILITY-1	ABILITY-2	ABILITY-3	ABILITY-4	ABILITY-5	ABILITY-6	ABILITY-7	ABILITY-8
電線		1-1 難易度	1-2 難易度	1-3 難易度	1-4 難易度	1-5 難易度	1-6 難易度	1-7 難易度	1-8 難易度
		電線の種類を知っている	ケーブルの適切な接続方法を知っている	ケーブルの電流許容値を知っている	ケーブルの適切な接続ができる	適切な電線の選択ができる			
工具		2-1	2-2	2-3	2-4	2-5	2-6	2-7	2-8
		圧着端子専用工具を知っている	電工ナイフを知っている	ワイヤーストリッパを知っている	ワイヤーストリッパを適切に使うことができる	圧着端子専用工具を使うことができる	電工ナイフを適切に使うことができる		
電動機		3-1	3-2	3-3	3-4	3-5	3-6	3-7	3-8
		電動機の種類を知っている	三相交流誘導電動機の構造を知っている	かご型回転子の構造を知っている	巻き線型回転子の構造を知っている	直流電動機の構造を知っている	電動機の軸受の交換ができる	直流電動機のブラシ交換ができる	電動機の軸受の選択ができる
測定工具		4-1	4-2	4-3	4-4	4-5	4-6	4-7	4-8
		テスタの使い方を知っている	メガーの使い方を知っている	検電器の使い方を知っている	クランプメータの使い方をっている	テスタを適切に使うことができる	クランプメータを適切に使うことができる		
センサ		5-1	5-2	5-3	5-4	5-5	5-6	5-7	5-8
		リミットスイッチの構造と用途を知っている	リミットスイッチの取り付け調整ができる	リミットスイッチのトラブルについて知っている	近接センサの構造と用途について知っている	近接センサの取り付け調整ができる	近接センサのトラブルについて知っている	光電センサの構造と用途について知っている	光電センサの取り付け調整ができる
電磁リレー		6-1	6-2	6-3	6-4	6-5			
		リレーの構造を知っている	リレーを設置する場所を知っている	リレーを適切に選択できる	リレーのトラブルシューティングができる	リレーの交換ができる			
電源設備		7-1	7-2	7-3	7-4	7-5	7-6		
		モールド遮断機の構造を知っている	漏電遮断機の構造を知っている	電磁開閉器の構造を知っている	モールド遮断機の点検ができる	漏電遮断機の点検ができる	電磁開閉器の点検ができる		
測定		8-1	8-2	8-3					
		電気設備の電圧測定方法を知っている	電気設備の電流測定方法を知っている	電気設備の絶縁抵抗測定方法を知っている	電気設備の電圧測定ができる	電気設備の電流測定ができる	電気設備の絶縁抵抗測定ができる		

＊ABILITY…～ができるようになる目標

第7章　センサと保全作業

著者略歴

竹野 俊夫（たけの としお）

1965年　大阪府生まれ
1990年　労働省管轄　職業訓練大学校卒業
1991年　雇用促進事業団（神奈川技能開発センター勤務）
1999年　国際協力事業団へ出向（インドネシア、ウガンダへ派遣）
2003年　雇用・能力開発機構（千葉センター勤務）
2008年　(独)雇用・能力開発機構（現(独)高齢・障害・求職者雇用支援機構）・高度職業
　　　　能力開発促進センター勤務

現　在　素材・生産システム系能開教授、素形材料関係団体の講師
　　　　防衛省陸上自衛隊（技能：整備）予備自衛官　階級1等陸曹
　　　　東京都現場訓練支援事業の指導者

企業の工場設備の保守メンテナンス方法や機械保全を現場で指導。改善提案や設備の
延命につながる職業訓練を展開。国際協力事業団（JICA専門家）でアフリカ（ウガンダ）、イ ンド
ネシアにおいて小型船舶エンジン、自動車整備を指導。また、現地飲料水工場、砂糖工場、ビー
ル工場などで生産設備の保守・保全方法を現地スタッフに指導。防衛省陸上自衛隊では、日本
国内が大規模災害や有事の際、装備品や車両などの整備を行う。
東京都現場訓練支援事業の指導者として、東京都内の中小企業への技術支援や現地改善
指導などを行っている。

著書

『目で見てわかる 稼げる機械保全』日刊工業新聞社、2011年
『目で見てわかる 稼げる電気保全』日刊工業新聞社、2012年
『目で見てわかる 稼げる設備保全』日刊工業新聞社、2012年
『目で見てわかる 機械保全実践100例』日刊工業新聞社、2013年
『目で見てわかる「機械保全チェックシート」のつくり方・使い方』日刊工業新聞社、2014年
『目で見てわかる 稼げる機械保全「作業手順書」のつくり方・使い方』日刊工業新聞社、2015年
『目で見てわかる 機械保全実践100例 PART2』日刊工業新聞社、2016年
『現場で使える！「なぜなぜ分析」で機械保全』日刊工業新聞社、2017年
『カラーで見るからわかりやすい 稼げる機械保全』日刊工業新聞社、2023年

NDC 509

カラーで見るからわかりやすい 稼げる電気保全

2025年 2月28日　初版1刷発行

© 著　者　竹野俊夫
　発行者　井水治博
　発行所　日刊工業新聞社　〒103-8548 東京都中央区日本橋小網町14-1
　　　　　書籍編集部　　　電話 03-5644-7490
　　　　　販売・管理部　　電話 03-5644-7403　FAX 03-5644-7400
　　　　　URL　　　　　　https://pub.nikkan.co.jp/
　　　　　e-mail　　　　　info_shuppan@nikkan.tech
　　　　　振替口座　　　　00190-2-186076

印刷・製本　新日本印刷(株)

● 定価はカバーに表示してあります